HOLZ-PROJEKTE FÜRS WOCHENENDE

LV.Buch — Wir lieben das Landleben.

HOLZ-PROJEKTE FÜRS WOCHENENDE

Bretter, Kisten & Co. wiederverwenden

20 Anleitungen für Hobby-Handwerker

MARK GRIFFITHS

*Meiner Frau Gilly
und meinen Kindern
Amy und Hunter
gewidmet.*

Titel der englischsprachigen Original-
ausgabe: Woodworking for the Weekend

Kreative Leitung: Peter Bridgewater
Verleger: Susan Kelly
Künstlerische Leitung: James Lawrence
Gestaltung: Naomi MacDougall
Gestaltung deutsches Cover: Karla Breilmann
Fotos: Neal Grundy & Andrew Perris
Illustrationen: Mark Hall-Patch
Technische Illustrationen: John Woodcock
Übersetzung: Maria Heyne
Lektorat deutsche Ausgabe: Anja Neudert

ISBN 978-3-7843-5287-9

Der Autor möchte an dieser Stelle dem
Brighton & Hove Wood Recycling Project,
der Secret Campsite, dem Tin Tabernacle
sowie Sian und Chris Wilkings für ihre
Hilfe beim Foto-Shooting danken.

Inhalt

EINLEITUNG

Handgefertigtes hat für viele von uns eine enorme Anziehungskraft. Auch wenn wir uns selbst keine kreativ-handwerklichen Fähigkeiten zutrauen, suchen wir auf Heimwerker-Ausstellungen, Trödelmärkten und Kreativmessen gern nach Unikaten. Das Anliegen dieses Buches sind Holzarbeiten, die jeder nachbauen kann – unabhängig von Vorerfahrungen und Geschicklichkeit. Einige der Projekte enthalten zugegebenermaßen Herausforderungen, dafür werden Sie jedoch umso stolzer auf sich sein, wenn Sie die fertig gebauten Stücke betrachten. Was gibt es Schöneres, als auf einem selbstgebauten Stuhl zu sitzen oder einen selbstgefertigten Tisch zu decken?

Einer der Gründe, warum wir uns oft scheuen, die Werkzeugkiste zu öffnen, ist das Gefühl, einem Projekt nicht gewachsen zu sein. Für den Anfänger kann bereits ein Ausflug zum Holzmarkt entmutigend sein. Die Projekte in diesem Buch basieren alle auf wiedergewonnenen Materialien – den Holzmarkt-Besuch können Sie sich also getrost sparen. Und da das verwendete Holz Sie wenig oder – im besten Fall – gar nichts kosten wird, müssen Sie sich nicht darum sorgen, kostenintensive Fehler zu machen. Dazu wurden die Projekte so konzipiert, dass Sie für die Umsetzung möglichst wenige Werkzeuge benötigen.

Die in diesem Buch vorgestellten Stücke erhielten ihre Form, ihr Design und ihre Proportionen größtenteils von den mir zur Verfügung stehenden Recycle-Materialien. Auch bei Ihren Arbeiten wird das wiedergewonnene Holz den Charakter des Ergebnisses prägen. Genau das ist der Reiz dieser Arbeitsweise: Jedes Stück ist ein Unikat und spiegelt Ihren ganz persönlichen Stil wieder – und da Sie die Langlebigkeit des Holzes nutzen, arbeiten Sie preis- und ressourcenbewusst.

Die Herstellung maßgefertigter Möbelstücke für zu Hause ist der perfekte Einstieg in die Arbeit mit Holz. So entstehen Sachen, die Schönes mit Nützlichem verbinden und dazu absolute Einzelstücke sind. Ihre Sichtweise auf das Arbeiten mit Holz wird sich im Laufe dieser Projekte komplett verändern, und vielleicht entdecken Sie sogar Ihre verborgene kreative Seite. Betrachten Sie dabei die Anleitungen in diesem Buch als Orientierungshilfe – sie sind Vorschläge für den Umgang mit Materialien, die andere als nutzlos wegwerfen würden. Ich hoffe, dass ich Sie dazu inspirieren kann, Ihre handwerklichen Fähigkeiten auszubauen und Ihre eigenen Designs zu entwerfen.

SO FINDEN SIE IHR HOLZ

Wenn Sie einmal damit beginnen, gebrauchtes Holz zum Arbeiten auszuwählen, werden Sie feststellen, wie viel nützliches Material oft achtlos weggeworfen wird. Es ist gar nicht schwierig, billiges oder sogar kostenloses Holz zum Bearbeiten zu finden. Hier habe ich einige Tipps zusammengestellt, um Ihnen die Suche zu erleichtern.

DIE EINKAUFSLISTE

Ich habe für jedes Projekt Zuschnittlisten beigefügt, damit Sie sehen können, welche Materialien ich verwendet habe. Statt sich streng nach meinen Vorgaben zu richten, sollten Sie diese Anleitungen je nach den Ihnen zur Verfügung stehenden Materialien variieren.

DIE SUCHE BEGINNT

Bei der Wiedergewinnung von Holz für Heimwerkerarbeiten ist es hilfreich, sich nach und nach einen kleinen Vorrat aufzubauen. Jedes Mal, wenn Sie einen Flohmarkt, einen Second-Hand-Laden oder eine Haushaltsauflösung sehen, nehmen Sie sich ein paar Minuten Zeit zum Stöbern. Auch auf Heimwerkermessen findet sich so manches Schnäppchen. Ihre Ausbeute können Sie später auseinandernehmen und zu Unikaten umfunktionieren. Sogar Holzkisten oder Paletten können Sie zu interessanten Holzarbeitsprojekten umgestalten.

Am Anfang kann es etwas Überwindung kosten, bei einem Holzfachbetrieb oder einer Tischlerei anzuklopfen, aber wenn Sie offen und freundlich auftreten, können Sie sich mit etwas Glück Bezugsquellen für Holzreste, Sperrholzplatten und vielleicht sogar so manchen Ratschlag schaffen.

Der nächste Schritt nach dem Besuch einer Holzwerkstatt ist der einer Baustelle. Hier finden sich zahlreiche Rohmaterialien, denn nicht selten bleiben auf dem Bau Reste übrig. Auch hier wird die richtige Taktik den größten Erfolg bringen. Auf dem Bau herrschen strikte Sicherheits- und Gesundheitsregeln – keinesfalls sollten Sie die Baustelle ungefragt betreten. Versuchen Sie stattdessen, die Aufmerksamkeit des zuständigen Bauaufsehers zu gewinnen, und sprechen Sie diese Person auf die benötigten Materialien an.

Auch Internetforen können Ihnen dabei helfen, preiswertes Holz und günstige Werkzeuge zu finden.

LINKS *Abgesehen vom Umweltfaktor findet sich auf Wertstoffhöfen oft eine große Auswahl verschiedener Holzarten mit behandelten und naturbelassenen Oberflächen.*

OBEN LINKS Weichholz ist relativ preiswert und leicht zu bearbeiten. Es ist daher eine gute Wahl zur Herstellung von Möbeln und besonders für Anfänger geeignet.

OBEN RECHTS Hartholz eignet sich für erfahrene Heimwerker. Projekte aus diesem Holz wirken besonders professionell und edel.

Außerdem erhalten Sie dort so manchen nützlichen Tipp. Natürlich sollten Sie auch Ihren Nachbarn, Verwandten und Freunden erzählen, dass Sie auf der Suche nach wiederverwendbaren Holzresten und ausrangierten Möbeln sind. Sie werden überrascht sein, wie viele Leute Dinge aufheben, obwohl sie diese gar nicht mehr nutzen – wahrscheinlich wird man Ihnen dieses Material gern für Ihre Projekte zur Verfügung stellen.

Meine Grundausstattung – Schraubendreher, Klauenhammer und Fuchsschwanz – habe ich immer im Kofferraum, falls ich unverhofft auf Holz stoße, das auseinandergenommen werden muss. Für mich ist die Materialsuche eigentlich genauso spannend wie die Weiterverarbeitung der gefundenen „Schätze".

KLEINE MATERIALKUNDE

Bevor Sie sich auf die Suche machen, sollten Sie ein paar grundsätzliche Dinge zum Thema Holz wissen. Massivholz wird in Hartholz und Weichholz unterschieden. Weichholz wird generell aus schnellwachsenden, zapfentragenden Nadelbäumen wie Fichten, Kiefern oder Douglasien produziert. Tendenziell ist dieses Holz weniger solide als Hartholz – es verrutscht in der Sägemühle und bei Holzarbeiten leichter. Weichholz zeichnet sich außerdem durch eine höhere Astdichte aus und ist relativ harzhaltig, was das gleichmäßige Auftragen einer Beize erschweren kann. Dafür ist dieses Holz leichter zu bearbeiten und relativ preiswert in der Beschaffung.

Hartholz wird dagegen aus langsam wachsenden Laubbäumen gewonnen. Für die Möbelherstellung sind Eiche, Esche, Buche, Pappel und Kirsche besonders beliebt. Das langsame Wachstum macht das Holz besonders solide in der Verarbeitung. Hartholz nimmt

Beizen und Lasuren sehr gut an und die feine Maserung wertet Projekte optisch zusätzlich auf. Allerdings ist dieses schwere Holz teurer und die feste Maserung kann die Arbeit mit Nägeln und Schrauben erschweren.

Manchmal ist es selbst für erfahrene Heimwerker gar nicht so leicht, die Holzart eines Fundes zu bestimmen, denn jedes Holzstück ist ein Unikat. Etwas Hintergrundwissen wird Ihnen jedoch den Umgang mit dem Holz ungemein erleichtern. Um Ihr Holz zu identifizieren, können Sie beispielsweise auf Online-Datenbanken oder Holz-Informationsseiten zurückgreifen.

HILFE VOM PROFI

Wenn Sie eine bestimmte Holzsorte oder -größe für ein Projekt benötigen, ist der Gang zum Baumarkt oder Holzhändler manchmal unvermeidbar. Am besten bereiten Sie sich gut darauf vor, um die technischen Fragen des Fachpersonals bezüglich Ihrer Wünsche beantworten zu können. Schreiben Sie sich vorher auf, was Sie genau brauchen und halten Sie ein Bandmaß oder einen Zollstock griffbereit, um das Holz genau auszumessen – und um professioneller zu wirken. Scheuen Sie sich nicht, Fragen zu stellen und um Hilfe zu bitten. Die meisten angebotenen Holzarten werden auf Standardmaße geschnitten. Weichholz wird generell in Nennmaßen verkauft, die vor dem Hobeln gemessen werden – Dicke und Breite von gehobeltem Hartholz sind etwa 6 bis 20 mm geringer als die Nennmaße. Informieren Sie sich auf der Homepage des Holzhandels über die vorhandenen Abmessungen und erstellen Sie anhand dieser Größen Ihre Einkaufsliste.

VERWERTUNG UND WIEDERVERWENDUNG

Die Arbeit mit wiedergewonnenem Holz ist oft unkomplizierter als der Gang zum Holzhändler – und dazu natürlich auch erheblich preisgünstiger. Außerdem ist wiedergewonnenes Holz abgelagert und hat

GANZ LINKS *Wiedergewonnenes Holz hat unregelmäßige Abmessungen, nehmen Sie also unbedingt ein Maßband mit, um das passende Holz für Ihr Projekt zu finden.*

LINKS *Manchmal findet man auf Flohmärkten oder bei Entrümpelungen ganz unerwartet tolle Stücke, die neue Projekte inspirieren*

deshalb einen stabilen Feuchtigkeitsgehalt – das macht es zum idealen Arbeitsmaterial für Ihre Projekte. Das Arbeiten mit wiedergewonnenem Holz hat allerdings auch einige wenige Nachteile. So kann es zum Beispiel vorkommen, dass die Holzoberfläche bereits bearbeitet wurde und Ihnen die Lasur oder Farbe nicht gefällt. Aus Erfahrung würde ich Ihnen raten, in so einem Fall immer zuerst das Projekt fertig zu bauen und sich erst danach mit der Oberfläche auseinanderzusetzen. So stellen Sie sicher, dass Sie das Holz auch wirklich verwenden können und sparen sich unnötige Arbeit wie das Entfernen der Lasur an Stellen, die sowieso nicht sichtbar sein werden. Das Gesamtbild des Projektes wirkt außerdem einheitlicher, wenn Sie die Oberflächenbearbeitung am Ende der Arbeit vornehmen.

Lassen Sie sich nicht dazu verleiten, alte Lasuren nur mit Sandpapier zu entfernen. Selbst auf grobkörnigem Papier wird sich sonst schnell eine schmierige Schicht ablagern. Abgesehen vom Zeitaufwand würden Sie sehr viel Sandpapier benötigen und falls Sie dafür einen Schwingschleifer verwenden, könnte sich dessen Lebensdauer verkürzen. Stattdessen sollten Sie möglichst viel der alten Lasur mit einem handelsüblichen Lösungs- oder Abbeizmittel entfernen, bevor Sie mit dem Schmirgeln beginnen. Verwenden Sie Lösungsmittel nur in gut belüfteten Räumen, tragen Sie bei der Arbeit eine Schutzbrille und Handschuhe und lesen Sie immer die Gebrauchsanweisung des Herstellers.

MEHR ALS NUR DAS HOLZ

Die meisten wiedergewonnenen Materialien werden von diversen Zubehörteilen und Extras begleitet, von denen manche – wie beispielsweise Griffe oder Scharniere – von Heimwerkern durchaus gern gesehen werden. In den letzten Jahren haben sich bei mir Dutzende Fensterangeln, alte Griffe und Türscharniere angesammelt. Für meine Projekte sind diese Eisenwaren eine willkommene Ressource, und nicht selten benötigen Freunde oder Bekannte Ersatz für ihre Reparaturarbeiten. Allerdings kann sich in altem Holz auch eine

Menge an verrosteten Nägeln oder Schrauben oder – im schlimmsten Fall – Holzwurmbefall verstecken.

Schrauben und Nägel lassen sich relativ problemlos mit der gespaltenen Finne eines Klauenhammers entfernen. Sollte dabei einmal ein Nagel bündig mit der Holzkante abbrechen, halten Sie einen neuen, dicken Nagel an die Spitze des abgebrochenen Nagels und klopfen Sie kräftig mit dem Hammer darauf. Dies sollte den alten Nagel weit genug herausschlagen, um ihn herausziehen zu können.

Holzwürmer lassen sich leider nicht so einfach entfernen wie alte Nägel. Obwohl es auf dem Markt zahlreiche Chemikalien zur Insektenbekämpfung gibt, würde ich Ihnen davon abraten, befallenes Holz zu verwenden. Warum sollte man das Risiko eingehen, sich einen kleinen Holzfresser einzuschleppen?

UNTEN *In wiedergewonnenem Holz finden sich oft Nägel und andere Gegenstände, die Sie entfernen müssen, bevor Sie mit Ihrem Projekt beginnen*

DIE WERKZEUGKISTE

Jedes Projekt in diesem Buch wurde so konzipiert, dass Sie für die Umsetzung möglichst wenig Werkzeug benötigen. Da Sie lediglich eine Grundausstattung brauchen, um Ihr Händchen im Arbeiten mit Holz auszuprobieren, müssen Sie keine großen Investitionen tätigen, um herauszufinden, ob Ihnen dieses Hobby überhaupt liegt.

SCHNÄPPCHEN AUS ZWEITER HAND

Eine Werkzeug-Grundausstattung ist leicht zu beschaffen und auch nicht teuer – vielleicht haben Sie das eine oder andere Werkzeug sogar schon zu Hause. Bevor Sie sich auf den Weg in den nächsten Baumarkt machen, kann es sich lohnen, Flohmärkte oder Kleinanzeigen zu durchkämmen – nicht selten finden sich hier gut erhaltene Werkzeuge für einen Bruchteil der Kosten einer Neuanschaffung.

Als leidenschaftlicher Werkzeugsammler kann ich Ihnen versichern, dass gebrauchte Werkzeuge genauso gut wie Neuware sind – und in einigen Fällen sogar noch besser. Dazu wird es Sie mit Stolz erfüllen, Ihre Werkzeuge inmitten ausrangierter Dinge zu finden, sie liebevoll zu säubern und dann damit Ihre eigenen Möbel zu bauen. Versäumen Sie es nicht, Ihr neuentdecktes Interesse an Holzarbeiten Ihren Verwandten und Freunden mitzuteilen, denn oft finden sich in Kellern und Abstellräumen Werkzeuge, die ungenutzt herumliegen. Viele meiner Werkzeuge habe ich geschenkt bekommen, und die vorherigen Besitzer freuen sich immer zu sehen, wie enthusiastisch die Utensilien eingesetzt werden.

DER FUCHSSCHWANZ

Das einzige Werkzeug der Grundausstattung, das Sie definitiv neu kaufen sollten, ist der Fuchsschwanz. Obwohl viele gebrauchte Werkzeugsammlungen Fuchsschwänze enthalten, sind diese meist schon stumpf, was Ihnen die Arbeit erschweren würde. Natürlich kann man die Zähne der meisten Sägeblätter nachschärfen, doch das verlangt einiges an Geschick und Übung. Eine scharfe Säge ist für die Projekte in die-

LINKS *Mit dem Rücken des Fuchsschwanz-Sägeblatts lassen sich 45 und 90GradWinkel markieren.*

sem Buch absolut erforderlich – und dies trifft auf die meisten Holzarbeitsvorhaben zu. Stumpfe Sägeblätter machen die Säge schwer in der Handhabung und vergrößern dazu die Verletzungsgefahr. Ich empfehle Ihnen die Anschaffung eines Allzweck-Fuchsschwanzes mit einem etwa 51 cm langen Sägeblatt und 11 Zähnen pro Zoll (= 2,54 cm). Der Griff sollte so geformt sein, dass Sie sowohl im 45- als auch im 90-Grad-Winkel sägen können.

NÜTZLICHE HELFER

Obwohl Sie mit der Grundausstattung alle Arbeitsschritte erledigen können, sind die Werkzeuge auf der Liste der „Nützlichen Helfer" tatsächlich eine große Hilfe und machen vieles leichter. Einige Arbeitsschritte sind sehr zeitaufwändig und monoton, und diese Werkzeuge erledigen die Arbeit flotter und mit weniger Aufwand. Mit zunehmendem Interesse an Holzarbeiten werden selbstverständlich auch Ihre Anforderungen an das Werkzeug steigen und Sie werden Ihre Sammlung stetig erweitern. So kann eine neu erworbene Stichsäge beispielsweise die Schneidezeit erheblich verkürzen und

Hand-Stichsäge

Fuchsschwanz

Schraubendreher,
Kreuzschlitz und
Flachschlitz

Hand-
bohrmaschine

Flachzange

Klauenhammer

Bandmaß

2 cm-Stechbeitel

Bohrersatz

Schraubzwinge

Schwingschleifer

Holzraspel,
halbrund und flach

Akku-Bohrschrauber

Zimmermannsbleistift *

Stichsäge

Surform-Raspel

*Ein Zimmermannsbleistift
hat eine breite, eckige Mine,
die eine unter Sägemehl gut
sichtbare Linie produziert
und auch auf rauem Holz
nicht gleich abbricht – eine
lohnenswerte Anschaffung.

DIE GRUNDAUSSTATTUNG

Bandmaß/Zollstock

Handbohrmaschine
und Bohrersatz

Fuchsschwanz

Holzraspel

Flachzange
und Kneifzange

Hand-Stichsäge

Stechbeitel

Schraubendreher

Schraubzwinge

Surform-Raspel

Zimmermannsbleistift

Klauenhammer

NÜTZLICHE HELFER

Akku-Bohrschrauber

Schwingschleifer

Stichsäge

ich bin mir sicher, dass ich nicht der letzte Handwerker sein werde, der sie verwendet. Wenn Sie gebrauchte Werkzeuge verwenden möchten, können Sie dazu Ihr Händchen im Restaurieren und Wiederherstellen versuchen. Mit ein wenig Mühe und Recherche können Sie herausfinden, wie Sie die Werkzeuge pflegen, wiederherstellen und schärfen können und wie Sie sie richtig verwenden. Dabei sammeln Sie nicht nur schöne Werkzeuge, sondern auch wertvolle Erfahrungen als Heimwerker.

WERKZEUGE AUSLEIHEN

Lassen Sie sich von einem Mangel und Werkzeugen und finanziellen Ressourcen nicht vom Heimwerkern abhalten! Stattdessen können Sie Werkzeuge im Baumarkt ausleihen oder über das Internet, ein schwarzes Brett oder eine Kleinanzeige Kontakte zu anderen Heimwerkern knüpfen. Vielleicht bietet sich sogar die Gelegenheit eines regelmäßigen Holzarbeiten-Stammtisches, bei dem Werkzeuge und Erfahrungen ausgetauscht und Projekte besprochen werden können. Lassen Sie sich von anderen helfen und zu neuen Projekten inspirieren – Sie können bei solchen Treffen einiges dazulernen und werden zudem viel Spaß dabei haben, sich mit anderen Heimwerkern auszutauschen.

WERKZEUGPFLEGE

Wenn Sie Ihre Wochenenden mit Holzarbeiten verbringen und Ihre Heimwerker-Fähigkeiten immer weiter ausbauen, wird sich Ihre Werkzeugsammlung stetig vergrößern. Machen Sie sich daher rechtzeitig Gedanken über die richtige Lagerung und Pflege Ihrer Arbeitsutensilien. Egal ob neu oder gebraucht – eine Werkzeugsammlung ist eine Investition, mit der Sie sorgsam umgehen sollten. Wenn Sie die Möglichkeit haben, sich eine kleine Werkstatt oder einen Hobbyraum einzurichten, sollte die fachgerechte Werkzeuglagerung kein Problem darstellen. Bewahren Sie möglichst viele Ihrer Utensilien auf Ablagen, Regalen oder an Wandhaken hängend auf, um sie immer griffbereit zu haben. Hier gilt: Aus den Augen, aus dem Sinn

dazu bietet sie Ihnen neue Gestaltungsmöglichkeiten. Plötzlich werden gewöhnliche, gerade Linien zu hübschen Wölbungen, flache Paneele werden mit Durchbrucharbeiten ausgestaltet und Arbeitsschritte, die vorher Stunden in Anspruch genommen haben, gehen innerhalb weniger Minuten von der Hand. Wenn man einmal angefangen hat, kann das Werkzeugsammeln zur richtigen Leidenschaft werden. Besonders faszinierend sind dabei alte und antike Holzwerkzeuge: Die eingearbeiteten, vielgeliebten Werkzeuge scheinen uns regelrecht dazu aufzufordern, sie in die Hand zu nehmen und dort weiterzuarbeiten, wo der letzte Besitzer aufgehört hat. Viele Stechbeitel in meiner Sammlung haben die Namen von mindestens zwei Vorbesitzern auf ihrem honigfarbenen Holzgriff eingestempelt, und

– wenn Sie Ihr Werkzeug nicht sehen, vergessen Sie schnell, welche Utensilien Sie zur Verfügung haben.

Achten Sie darauf, dass Ihr Werkplatz nicht zu feucht ist, da dies zu Rostbildung an Metallteilen führen und Holzgriffe verziehen könnte. Ein Luftentfeuchter kann eventuell Abhilfe schaffen und schafft dazu ideale Lagerbedingungen für Ihren Holzvorrat.

Auch wenn Sie sich keinen Werk- oder Hobbyraum mit Werkzeugregalen einrichten können, sollten Sie sorgsam mit Ihrer Werkzeugsammlung umgehen. Eine qualitativ hochwertige Werkzeugkiste ist dabei eine wichtige Investition. In vielen Haushalten werden Werkzeuge achtlos in Pappkisten oder Schubladen übereinandergestapelt. Damit Sie sich auf Ihr Handwerkzeug verlassen können, sollten Sie entsprechend sorgsam damit umgehen. Verstauen Sie Ihr Werkzeug in ordentlichen, gut einsehbaren Fächern Ihrer Werkzeugkiste – Sie haben dann außerdem den Vorteil, Ihre Arbeitsmaterialien leicht und bequem transportieren zu können. Die meisten der heute auf dem Markt erhältlichen Werkzeugkisten sind wasserdicht und einige Modelle haben einen flachen Deckel, der als kleine Arbeitsunterlage genutzt werden kann – die perfekte Lösung für Heimwerker mit wenig Platz.

Auf jeden Fall sollten Sie darauf achten, scharfe Kanten und Ecken an Ihren Werkzeugen abzudecken, egal ob Sie diese in Regalen, an Wandhaken oder in einer Werkzeugkiste aufbewahren. So vermeiden Sie nicht nur Verletzungen, sondern auch übermäßiges Nachschärfen und Verschleiß vom empfindlichen Werkzeugteilen. Plastikabdeckungen bekommen Sie mittlerweile in jedem Baumarkt.

ANSCHAFFUNG VON ELEKTROWERKZEUGEN

Handwerkzeuge sind in der Anschaffung und Pflege recht unkompliziert, während Elektrowerkzeuge kleine Investitionen sind. Daher empfiehlt es sich, vor jedem Kauf gründlich zu recherchieren – das gilt besonders für die Anschaffung neuer Geräte, die ich Ihnen empfehle, wenn Ihr Budget dies erlaubt. Lesen Sie Kundenberichte online und fragen Sie wenn möglich im

Bekanntenkreis oder in Internetforen nach Rat und Erfahrungen. Große Baumärkte und Werkzeughändler haben in der Regel kompetentes Fachpersonal, das mit den Produkten auf dem Markt vertraut ist und Ihnen bei der Auswahl behilflich sein wird. Beschreiben Sie am besten möglichst genau, welchen Zweck das neue Werkzeug erfüllen soll.

Generell rate ich von der Anschaffung gebrauchter Elektrowerkzeuge ab. Die Mehrzahl der Heimwerker wird sich erst dann von einem Gerät trennen, wenn dessen beste Jahre vorbei sind oder der Motor bereits Schaden genommen hat. Falls Sie jedoch der Versuchung nicht wiederstehen können, ein Elektrowerkzeug in gutem Zustand gebraucht zu kaufen, sollten Sie es zu Ihrer Sicherheit vor der Verwendung unbedingt von einem Fachbetrieb prüfen lassen – dieser Service ist in der Regel nicht teuer.

Die Liste auf S. 13 soll Ihnen eine Hilfestellung geben, falls Sie gerade dabei sind, sich Ihr erstes Werkzeug-Set zusammenzustellen. Wenn Sie verschiedene Projekte aus diesem Buch herstellen, werden Sie immer mehr an Erfahrung gewinnen und werden dabei vielleicht sogar selbst zum begeisterten Werkzeugsammler.

IHR WERKPLATZ

Ein gut eingerichteter und aufgeräumter Werkplatz ist wichtig für Ihre Sicherheit und wird Ihnen die Arbeit wesentlich erleichtern. Ordnung in der Werkstatt trägt dazu bei, dass Sie Freude an Ihrem neuen Hobby haben. Hier habe ich einige Tipps für Sie zusammengetragen.

IE EINRICHTUNG

Bevor Sie mit Ihrem ersten Holzarbeitsprojekt beginnen, müssen Sie sich einen Arbeitsplatz einrichten. Idealerweise haben Sie dafür eine stabile Werkbank mit mehreren großen Schraubstöcken. Da sich dies jedoch besonders für Anfänger nicht immer realisieren lässt, können Sie auch mit einem stabilen Tisch, 2 Sägeböcken oder einer tragbaren Werkbank arbeiten. Zur Fixierung Ihrer Arbeitsmaterialien können Sie in diesem Fall Schraubzwingen verwenden.

Auf jeden Fall sollte Ihr Werkplatz über eine gute Lichtquelle verfügen – selbstverständlich können Sie bei schönem Wetter auch im Freien arbeiten. Ausreichendes Licht wird Ihnen die Arbeit ungemein erleichtern und verhindern, dass Sie eine wichtige Bleistiftmarkierung übersehen oder den Überblick verlieren.

HOLZ

Jedes Holzbrett ist ein Unikat und auf jeden Fall sollten Sie die Qualität des Naturmaterials vor der Verarbeitung sorgfältig prüfen. Achten Sie darauf, dass jedes Brett möglichst astrein und unbeschädigt ist, da Fehler im Holz die Materialstärke negativ beeinflussen können. Prüfen Sie danach mit einem Blick entlang der gesamten Länge der Außenkante und gegebenenfalls mit einer Wasserwaage, ob das Brett gerade ist.

HANDWERKZEUGE

Jedes Ihrer Werkzeuge hat seine individuellen kleinen Eigenarten. Einen Klauenhammer sollten Sie beispielsweise für maximale Schlagkraft immer am Griffende halten. Wenn Sie feststellen, dass sich die Nägel, die Sie einschlagen wollen, leicht verbiegen, sollten Sie die Schlagfläche des Hammers mit einem

GANZ LINKS *Prüfen Sie vor dem Kauf Ihr Holz sorgfältig auf Materialfehler.*

LINKS *Etwas Wachs kann dabei helfen, eine Schraube leichter einzudrehen.*

HOLZARBEITEN MIT KINDERN

Auch für Kinder können Holzarbeiten ein spannendes Hobby sein. Entsprechendes Zubehör können Sie zusätzlich zu Ihrer eigenen Ausstattung besorgen: Meine beiden Kinder haben jeweils eine eigene kleine Werkzeugkiste mit Mini-Schraubendrehern, kleinen Hämmern und Sandpapier. Es ist eine Freude, mit Kindern gemeinsam an Holzprojekten zu arbeiten und dabei Geschicklichkeit, Kreativität und Selbstbewusstsein der Kleinen ganz natürlich zu fördern. Wer von Kindesbeinen an gelernt hat, mit Werkzeug umzugehen, wird sich außerdem in vielen Situationen selbstständig zu helfen wissen. Und vielleicht wird die Freude Ihrer Kinder an Holzarbeiten sogar zum lebenslangen Hobby.

Stück Sandpapier glänzend polieren. Sie entfernen dabei kleine Rostpartikel, die die Schlagkraft beeinträchtigen und können den Nagel nun leichter gerade in das Holz treiben.

Mit einem scharfen Fuchsschwanz lässt sich Holz in der Regel mühelos schneiden. Sollte die Säge sich öfter verhaken, können Sie das Blatt mit etwas Bienen- oder Kerzenwachs einreiben, um es besser durch das Holz gleiten zu lassen.

Sie sollten beim Sägen mit ruhiger Hand und gleitenden Bewegungen arbeiten und darauf achten, dass das Blatt Ihren Bleistiftmarkierungen exakt folgt. Unnötiger Druck und Rucken erschweren die Arbeit.

Untersuchen Sie regelmäßig die Köpfe Ihrer Schraubendreher auf Beschädigungen und Abnutzungen, da diese das Eindrehen von Schrauben erschweren und zum Abrutschen und zu Beschädigungen des Schraubenkopfes führen können. Auch Schrauben können Sie mit etwas Wachs behandeln, damit Sie sich leichter ins Holz drehen lassen.

SCHRAUBEN UND NÄGEL

Bei Eisenwaren sollten Sie wenn möglich nicht sparen und hochwertige Artikel kaufen. Es kann sehr frustrierend sein, mit minderwertigen Schrauben zu arbeiten, die beim Montieren eines Projektes abbrechen oder sich durch beschädigte Gewinde schlecht eindrehen lassen.

AKKU-BOHRSCHRAUBER

Wenn Sie einen Akku-Bohrschrauber besitzen, sollten Sie sich mit den Drehzahl- und Drehmomenteinstellungen vertraut machen. Eine geringere Drehzahl bringt eine größere Stabilität, z.B. beim Eindrehen von Schrauben und beim Bohren größerer Löcher. Ein geringeres Drehmoment hilft, Beschädigungen an den Schraubenköpfen zu vermeiden. Bei der Anschaffung eines Bohrersatzes sollten Sie Holzspiralbohrer auswählen, da diese für Holzarbeiten am besten geeignet sind. Um die Lebensdauer zu verlängern, sollten diese Bohrer ausschließlich für Holzbohrarbeiten verwendet werden.

SICHERHEIT

Bei der Arbeit mit Hand- und Elektrowerkzeugen lassen sich Risiken nie völlig ausschließen. Die Einhaltung einiger einfacher Sicherheitsregeln kann jedoch die Verletzungsgefahr für den Heimwerker erheblich minimieren.

- Tragen Sie immer Schutzzubehör wie Handschuhe, Schutzbrille und Staubmaske.

- Stellen Sie vor jedem Arbeitsschritt sicher, dass das Werkstück gut fixiert ist.

- Halten Sie die Arbeitsfläche sauber und räumen Sie störende Gegenstände aus dem Weg.

- Halten Sie Ihre Hände immer hinter scharfen oder elektrischen Werkzeugen und richten Sie die Werkzeuge während der Benutzung nie direkt auf Hände, Beine oder andere Körperteile.

- Stellen Sie die Sicherheit für sich selbst und andere immer an erste Stelle.

- Verwenden Sie einen Fehlerstrom-Schutzschalter (FI-Schalter) oder Leitungsschutzschalter (LS-Schalter) und achten Sie bei Gebrauch elektrischer Werkzeuge auf die Kabel.

- Beachten Sie immer die Herstellerangaben zur Verwendung von Geräten und Produkten

STICHSÄGE

Bevor Sie das erste Mal eine Stichsäge verwenden, sollten Sie die Gebrauchsanweisung sorgfältig gelesen haben und sicherstellen, dass das Arbeitsmaterial fest an der Werkbank fixiert ist. Achten Sie darauf, Finger und Kabel immer vom Sägeblatt fernzuhalten – wenn diese einfachen Regeln beachtet werden, ist die Stichsäge ein sehr nützliches und vielseitiges Werkzeug. Die meisten handelsüblichen Stichsägen arbeiten mit Hubbewegungen. Die Drehzahl lässt sich dabei einstellen: Niedrige Drehzahlen eignen sich besonders für dünne Bretter, während eine hohe Drehzahl auch dickere Materialien zuverlässig schneidet. Investieren Sie in eine Sägeblatt-Auswahl für verschiedene Materialien, um Ihre Stichsäge vielseitig verwendbar zu machen. Wie auch für den Fuchsschwanz gilt hier, nie Druck auf das Gerät auszuüben, da dies Abrutschen zur Folge haben könnte.

Ein häufiger Fehler ist das falsche Ansetzen des Sägeblattes am Material, was zu lästigen Rückschlägen führen kann. Halten Sie das Sägeblatt zunächst von Holz, Kabel und anderen Gegenständen weg und stellen Sie sicher, dass die Unterseite der Säge flach am Material aufliegt, ohne dass das Sägeblatt dieses berührt. Schalten Sie dann die Säge ein und beginnen Sie mit dem Schneiden. Wenn das Sägeblatt schwergängig ist, prüfen Sie Arbeitsmaterial und Sägeblatt sorgfältig. Unterbrechen Sie immer die Stromzufuhr, bevor Sie Veränderungen vornehmen.

OBEN *Die Wahl der passenden Oberflächenbehandlung hängt von vielen Faktoren ab. Überlegen Sie sich im Voraus, ob das fertige Stück für den Innenbereich gedacht ist oder im Freien den Elementen ausgesetzt sein wird.*

DER LETZTE SCHLIFF UND DIE LASUR

Nachdem Sie viel Mühe und Zeit in ein Projekt investiert haben, ist ein Motivationstief kurz vor dem letzten Schliff keine Seltenheit. Hier ist jedoch Vorsicht geboten – eine ungleichmäßig aufgetragene Lasur kann ein ganzes Möbelstück verderben.

Der erste Schritt in der Oberflächenbehandlung ist das Schmirgeln oder Schleifen. Wenn Sie eine durchsichtige Lasur auftragen möchten, schleifen Sie immer mit dem Verlauf der Maserung – so vermeiden Sie unschöne Kratzer, die unter dem Lack durchscheinen können. Wenn Sie keinen Schwingschleifer verwenden, wickeln Sie das Sandpapier am besten um einen kleinen Holzblock oder einen Schleifblock aus Kork. So können Sie auch auf flachen Oberflächen in regelmäßigen Zügen schmirgeln. Bevor Sie die Lasur auf das Holz auftragen, sollten Sie die Herstellerhinweise sorgfältig lesen. Testen Sie danach die Lasur auf einem kleinen Holzstück, um unschöne Überraschungen zu vermeiden und sich mit dem Auftragen vertraut zu machen.

Wie bei allen Holzbearbeitungsprozessen sollten Sie auch bei der Oberflächenbehandlung vorsichtig arbeiten. Tragen Sie beim Schleifen eine gutsitzende Staubmaske und lasieren Sie mit Handschuhen und Schutzbrille im Freien oder in einem gut belüfteten Raum.

LANDHAUS-HUNDEHÜTTE

Diese Hundehütte im Landhaus-Stil ist der perfekte Gartenruheplatz für Ihren Hund. Die Hütte wird um eine Holzpalette konstruiert, die Sie vom Baustofflieferanten oder direkt auf Baustellen bekommen können – fragen Sie jedoch vorher unbedingt um Erlaubnis! Die Farben dieser Hütte sind den Scheunen nachempfunden, die man in den ländlichen Gebieten Nordamerikas überall sieht – Sie können allerdings auch eine andere Farbkombination verwenden oder sogar mehrere Hütten in unterschiedlichen Farben bauen. Achten Sie jedoch unbedingt darauf, dass die Farbe für den Außenbereich geeignet und ungiftig für Tiere ist.

MATERIALAUSWAHL

Die Palette sollte idealerweise nicht zu schwer sein und – da sie die Größe der Hütte bestimmt – muss die passende Größe für Ihren Hund haben. Ist die Hütte zu groß, leidet die Gemütlichkeit und es kann leichter Zug entstehen, während eine zu kleine Hundehütte das Tier beengt und leicht überhitzen kann. Orientieren Sie sich am besten an den Abmessungen handelsüblicher Hundeboxen und konzipieren Sie die Größe so, dass Ihr Hund sich in der Hütte bequem drehen kann. Paletten in Standard-Abmessungen sind besonders für große Hunde geeignet – schneiden Sie gegebenenfalls die Palette auf die passende Größe zu.

Die Abmessungen der Hundehütte orientieren sich ebenfalls an der Größe Ihres Hundes. Nehmen Sie als Anhaltspunkt die folgenden Maße: für die Tiefe der Hütte addieren Sie 31 cm zur Länge Ihres Hundes, für die Breite addieren Sie 46 cm zur Hundelänge und für die Höhe mindestens 5 cm zur Sitzhöhe des Hundes plus der Höhe der Paletten-Standfläche. Die Eingangshöhe kann etwas niedriger als die Schulterhöhe des Tieres sein, denn die meisten Hunde kriechen problemlos in ihr „Nest" und fühlen sich dann darin besonders wohl.

Meine Palette habe ich direkt von einer Baustelle bezogen und dabei gleich eine nicht mehr benötigte 1,2 × 2,4 m große und 2 cm dicke Sperrholzplatte für den Außenbereich mitgenommen. Auf Baustellen und in Tischlereien werden verschiedenste Werkstoffholzarten verarbeitet und mit etwas Glück wird man Ihnen auf Nachfrage Reste überlassen. Die Sperrholzplatte habe ich für Vorder- und Rückseite und für die Seitenteile der Hundehütte verwendet. Zum Abdecken der Palette benötigen Sie ebenfalls eine dünne Sperr- oder Pressholzplatte. Für das Dach der Hundehütte eignen sich am besten alte, aber gut erhaltene Zaunlatten. Bei der Verwendung wiedergewonnener Baumaterialien sollten Sie besonders darauf achten, dass zur Behandlung des Holzes nur ungiftige Mittel eingesetzt wurden.

Arbeitsschritte

① Wenn die Palette schon die richtige Größe hat, beginnen Sie mit Schritt 3. Zum Zuschneiden der Palette verwenden Sie Bandmaß und Bleistift, um Tiefe und Breite auszumessen und anzuzeichnen. Nehmen Sie dabei eine Ecke als Ausgangspunkt, um nur zwei Seiten zuschneiden zu müssen. Passen Sie die Maße so an, dass die Enden bündig mit der letzten horizontalen Palettenstrebe geschnitten werden.

② Stemmen Sie mit Hilfe des Klauenhammers und eines Flachschlitz-Schraubendrehers den Palettenklotz an der Seite, die Sie zuschneiden, heraus. Schneiden Sie mit dem Fuchsschwanz die Palette entlang der Bleistiftmarkierungen auf die richtige Größe, schneiden Sie dann den Palettenklotz passend und schrauben Sie ihn mit langen Holzschrauben wieder an der Palette fest. Dabei sollten die Schrauben von oben eingedreht werden und mindestens bis zur Hälfte in den Klotz hineinreichen.

KONSTRUKTIONSPLAN

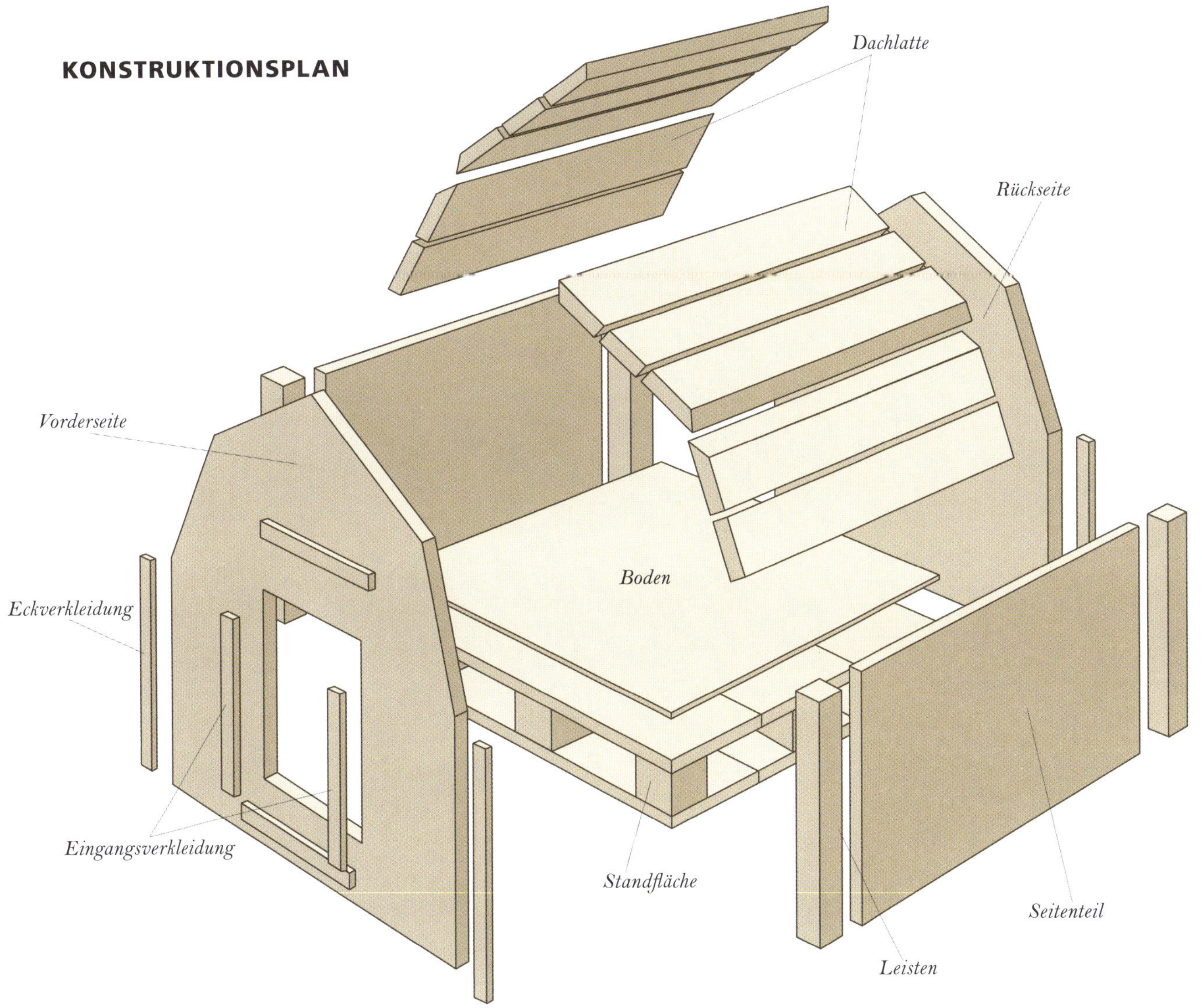

Dachlatte

Rückseite

Vorderseite

Eckverkleidung

Boden

Eingangsverkleidung

Standfläche

Seitenteil

Leisten

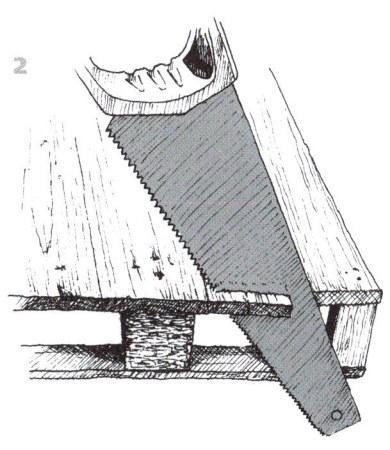

3 Schmirgeln Sie die Palette kurz mit Sandpapier (50er Körnung) ab, um Splitter zu entfernen, denn diese sind für Menschen und Tiere gleichermaßen unangenehm. Messen Sie nun den Boden der Hundehütte aus, indem Sie die Tiefe und Breite der Palette auf der 6-mm-Hartplatte ausmessen und anzeichnen. Sägen Sie mit dem Fuchsschwanz entlang der Markierungen und befestigen Sie dann den Boden mit Holzschrauben an der Palette. So wird die Hütte bequemer für Ihren Hund und lässt sich später auch leichter reinigen.

Fortsetzung

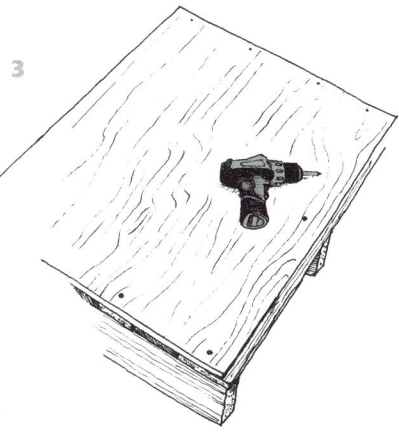

TIPPS

• SCHRITT 5

Mit einer Stichsäge kommen Sie besser voran als mit dem Fuchsschwanz und müssen weniger Löcher bohren.

Achten Sie beim Arbeiten mit Fuchsschwanz oder Stichsäge immer auf Ihre Finger.

Lassen Sie sich wenn möglich beim Fixieren der Sperrholzplatten helfen, während Sie das Material zuschneiden.

Tragen Sie beim Sägen von Holzwerkstoff immer eine Staubmaske.

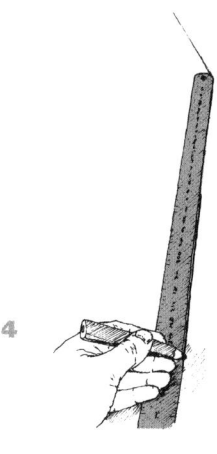

4 Für die Vorderseite der Hütte zeichnen Sie die Breite der schmalen Palettenseite auf der Unterkante der Sperrholzplatte an. Addieren Sie dann die doppelte Dicke der Platte für die Seiten (so dass sie von der Vorderseite überlappt werden). Zeichnen Sie eine vertikale Mittellinie auf die Platte und zeichnen Sie dort von der Unterkante ausgehend die Höhe der Hundehütte an (siehe Materialauswahl, S. 22). Zeichnen Sie von diesem Punkt ausgehend zu den Seiten hin eine Scheunendachform und markieren Sie die Seiten hinunter bis zu den Kanten der Standfläche.

5 Nun messen und markieren Sie die Quadratform für den Eingang. Achten Sie darauf, dass die Größe für Ihren Hund passt (siehe Materialauswahl, S. 22) und markieren Sie die Unterkante des Eingangs bündig mit der Hartplatte auf der Palette. Fixieren Sie die Platte mit der Schraubzwinge und sägen Sie dann mit dem Fuchsschwanz die Form der Vorderseite aus. Um den Eingang auszusägen, bohren Sie zunächst eine Reihe sich überlappender 12-mm-Löcher an eine Bleistiftlinie auf beiden Seiten der Öffnung, bis Sie das Sägeblatt mühelos in Position bringen können. Schneiden Sie dann die Öffnung mit dem Fuchsschwanz aus.

6 Legen Sie das Vorderteil der Hütte auf die Sperrholzplatte und zeichnen Sie den Umriss entlang der Außenkanten nach. Schneiden Sie dann die Rückseite mit dem Fuchsschwanz entlang der Markierungen aus.

7 Um die Verkleidung anzubringen, messen und schneiden Sie 1 × 2,5 cm Bretter zu, die Sie dann um den Eingang und die beiden Seitenkanten von Vorder- und Rückseite der Hütte zunächst ankleben und dann annageln. Am Dach sollte das Holz abgewinkelt zugeschnitten werden.

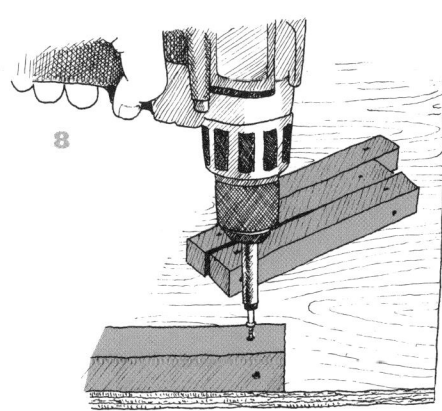

8 Messen und schneiden Sie zwei Seitenteile in der gleichen Länge wie die lange Palettenseite und in der Höhe des tiefsten Dachpunktes des Vorderteils zu. Zeichnen Sie an der Unterkante der Seiten jeweils eine horizontale Linie auf Höhe der Palettenoberkante. Schneiden Sie mit dem Fuchsschwanz vier 31 cm lange 5 × 5 cm Leisten zu und bohren Sie zwei oder drei 6mm-Löcher in zwei angrenzenden Leistenoberseiten vor. Arbeiten Sie dabei leicht versetzt. Schrauben Sie dann die Leisten mit Holzschrauben über der Bleistiftmarkierung an jedem Ende der beiden Seitenteile fest.

10 Sägen Sie die Dachlatten auf die Länge der Seitenteile plus 5 cm Überhang für Vorder- und Rückseite. Die beiden Latten, die sich an der Dachspitze berühren, müssen auf einer Seite abgewinkelt zugeschnitten werden. Legen Sie ein Teil auf dem Dach in Position und zeichnen Sie eine vertikale Linie nach oben. Wiederholen Sie dies mit der zweiten Latte. Wenn Sie keine Kreissäge haben, lassen Sie am besten in einer Tischlerei oder im Baumarkt die Lattenlängen in diesem Winkel zuschneiden. Nageln Sie die beiden oberen Dachlatten fest, legen Sie die anderen Latten nacheinander an und nageln sie ebenfalls fest.

9 Jetzt können Sie die Hundehütte zusammenbauen. Halten Sie das Vorderteil und eines der Seitenteile an der Palettenkante in Position und schrauben Sie sie mit einer Schraube in jeder Leiste fest. Verfahren Sie mit dem zweiten Seitenteil und der Rückseite ebenso. Nun sollten alle vier Teile zusammengeschraubt sein.

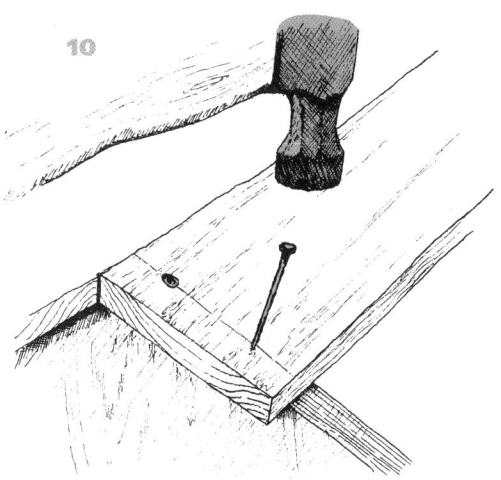

TIPPS

● **SCHRITT 10**

Je nachdem, welche Form Sie dem Dach gegeben haben, müssen Sie wahrscheinlich auch am Dachknickpunkt im Winkel sägen. Bringen Sie zuerst die unteren Latten in Position und messen und sägen Sie dann wie bei der Dachspitze, nur dass Sie diesmal die Latten passend für die obere Dachneigung abwinkeln. Bringen Sie dann die restlichen Latten in Position und schneiden Sie gegebenenfalls die letzte Latte ebenfalls im Winkel zu.

Zeichnen Sie die Position der Nägel an den Seitenteilkanten nach dem Messen mit Zimmermannsbleistift vor.

Um die Hütte wetterfester zu machen, können Sie zusätzlich ein Stück Dachpappe am Dach annageln. Außerdem können Sie Boden und Wände in Doppellagen fertigen und dazwischen jeweils eine Dämmschicht anbringen

Ich habe die Hundehütte im klassischen Farbschema amerikanischer Scheunen gestrichen: rote Wände, graues Dach und weiße Verkleidung an Seitenkanten und Eingang.

Die fertige Hundehütte im Landhaus-Stil.

(A) *Leicht angewitterte Zaunlatten eignen sich hervorragend als Dachmaterial.*

(B) *Achten Sie darauf, dass die Verkleidung von Seitenkanten und Eingang bündig mit den Kanten der anderen Stücke abschließt.*

(C) *Die Leisten im Inneren der Hundehütte müssen nicht so lang sein wie die Seitenteile – sie sollten lediglich zwischen Palette und Dach passen.*

(D) *Die Dachlatten sollten eng aneinander liegen, um Ihr Tier bestmöglich vor Witterungseinflüssen zu schützen.*

(E) *Die Latten wurden am Dachknickpunkt im Winkel zugeschnitten, damit sie nahtlos zusammenpassen und keine Ritzen bilden.*

RUSTIKALE BAUMSTAMM-BANK

Diese Idee verdanke ich einem guten Bekannten, der von seinem Großvater einen alten, vielgebrauchten Sägebock geerbt hatte. Der grau-grüne Handwerkshelfer stand nun ungenutzt vor dem Schuppen und wurde kurzerhand als Möbelstück umfunktioniert. Nun trägt er stolz seinen letzten Baumstamm und genießt seinen wohlverdienten Ruhestand als Blumentopf-Ablage. Die Bank gefiel mir so gut, dass ich sie nachbauen musste. Da ich die Bank nicht als Sitzgelegenheit, sondern als Ablage konzipiert habe, ist der Stamm etwas höher über dem Boden angebracht. Sie können jedoch die Höhe ganz nach Ihren Vorstellungen variieren. Meine Bank mag noch nicht so geschichtsträchtig sein wie der alte Sägebock meines Freundes, doch wer weiß – vielleicht wird sie einmal zum Erbstück für meine Enkelkinder.

BENÖTIGTE WERKZEUGE

Bandmaß und
Zimmermannsbleistift

Handbohrmaschine
mit 4-mm-Bohrer

Fuchsschwanz

Holz- oder Surform-Raspel

Schraubzwinge

Sandpapier
(80er und 120er Körnung)
und Schleifblock

NÜTZLICHE HELFER

Schwingschleifer

ZUBEHÖR

Holzschrauben

Holzlack oder Lasur

Zollstock

ZUSCHNITTLISTE

4 Bretter,
5 × 7,5 × 76 cm
(für die X-Beine)

2 Bretter,
82 × 2,5 × 10 cm
(für die Querbalken)

1 halbierter Holzstamm,
91 cm lang
(für die Bankfläche)

TIPP

• **SCHRITT 2**

Sie können statt Holz-
schrauben auch Nägel für
die Beine verwenden.
Schrauben haben jedoch
einen Zugeffekt und
sorgen für eine stabilere
Verbindung.

MATERIALAUSWAHL

Zuerst sollten Sie den Holzstamm für die Bankfläche besorgen, da dieser die Proportionen für das X-Gestell festlegt. Für meine Bank habe ich einen alten, halbierten Zaunpfosten mit 91 cm Länge und 23 cm Breite verwendet. Wenn Sie gut mit der Axt umgehen können, spalten Sie alternativ einen passenden Stamm der Länge nach. Zedernholz ist besonders wetterbeständig und somit eine gute Wahl.

Für die X-Beine habe ich 5 x 7,5 cm sägeraue Bretter verwendet, um die Bank besonders rustikal wirken zu lassen. Da die Bretter ein beträchtliches Gewicht halten müssen, sollten sie stabil und von ausreichender Dicke sein. Als hübsches Detail können Sie den Bein-Oberkanten eine dekorative Form verleihen. Abgerundete oder geschwungene Ecken wirken besonders edel.

Ansonsten benötigen Sie für dieses Projekt nur noch die beiden Querbalken für den Rahmen. Ich habe dafür zwei 2,5 x 10 cm Balken mit 82 cm Länge verwendet. Die Balken bestimmen den Abstand zwischen den X-Beinen, sollten also ausreichend lang sein, um dem Rahmen genug Stabilität zu verleihen und den Holzstamm zu tragen. Ich habe die Balken etwas kürzer als den Stamm gesägt, sie können jedoch genauso gut bündig mit der Bankfläche abschließen.

Die Bank wirkt besonders rustikal, wenn der Stamm in seiner ursprünglichen, grob behauenen Form belassen wird. Es kann jedoch auch sehr reizvoll sein, die unbehandelten Beine mit einer polierten Bankoberfläche zu kombinieren. Diese Variante ist jedoch sehr aufwändig und erfordert einiges an Muskelkraft. Die Rinde des Stammes können Sie mit Hammer und Stechbeitel oder mit einem Ziehmesser entfernen – oder Sie lassen sie als Dekoration stehen.

Arbeitsschritte

❶ Legen Sie die Bretter für die beiden Beine jeweils x-förmig aufeinander und messen Sie die Breite der Kreuze so aus, dass der Stamm dazwischen passt. Zeichnen Sie dann mit Bleistift die Winkel der Kreuzpunkte auf dem Holz an.

KONSTRUKTIONSPLAN

Bankfläche

X-Beine

Querbalken

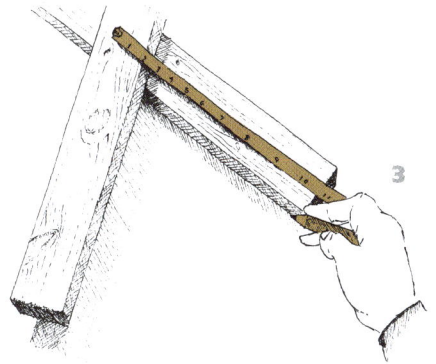

2 Bohren Sie an einem der Beine des X-Rahmens mit dem 4-mm-Bohrer zwei Löcher auf der Markierung vor. Die Löcher sollten übereinander liegen. Legen Sie dann die Beine wieder zusammen und schrauben Sie sie mit langen Holzschrauben fest. Wiederholen Sie den Vorgang auf der anderen Seite.

3 Nun schneiden Sie die Standfläche der Beine so abgewinkelt zu, dass die Bank sicher auf dem Boden steht. Zeichnen Sie mit Bandmaß und Bleistift die gewünschte Bankhöhe auf der Innenseite der Beine an. Achten Sie dabei darauf, dass die Markierungen jeweils den gleichen Abstand zum Kreuzpunkt haben. Meine Bank hat eine Höhe von 53 cm.

Fortsetzung

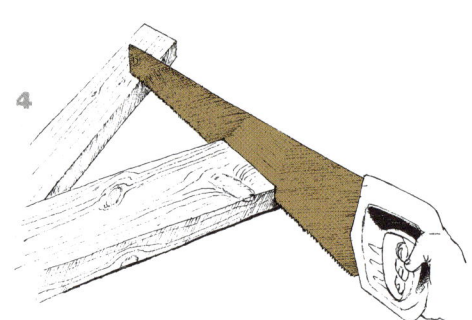

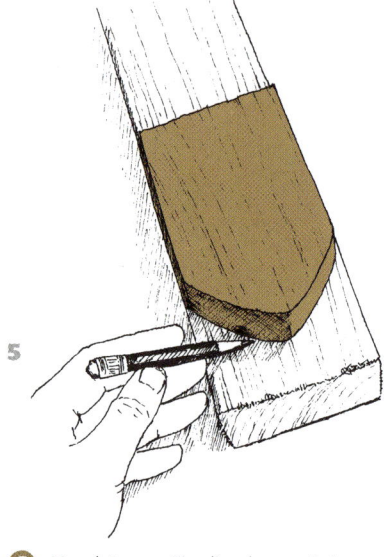

4 Legen Sie einen Zollstock an die Beine und verbinden Sie die Bleistift-markierungen mit einer Linie, um flache, gerade Beinabschlüsse zu erhalten. Schneiden Sie dann mit dem Fuchs-schwanz entlang der Linie.

5 Nun können Sie die oberen Bein-abschlüsse formen. Dafür nehmen Sie ein Stück Pappe oder einen Holzrest in der Breite der Beine, zeichnen darauf die gewünschte Form vor und schneiden sie aus. Legen Sie die Vorlage an die oberen Beinenden und zeichnen Sie dort die Form an. Dann können Sie mit Hilfe der Surform-Raspel oder einer Holzraspel die Beine bis zur Markierung in Form raspeln.

6 Jetzt können Sie beide Kreuze mit dem Querbalken miteinander verbinden. Bringen Sie die Balken auf beiden Seiten unter dem Kreuzpunkt in Position und zeichnen Sie mit dem Bleistift an jedem Balkenende eine vertikale Markierung an der Mitte des jeweiligen Beines an.

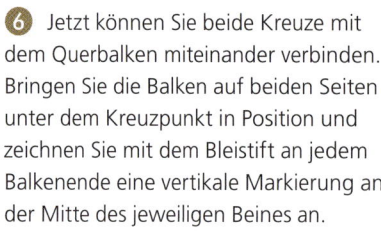

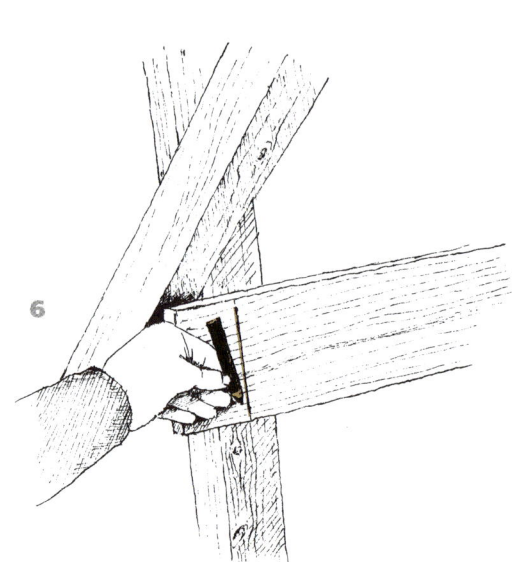

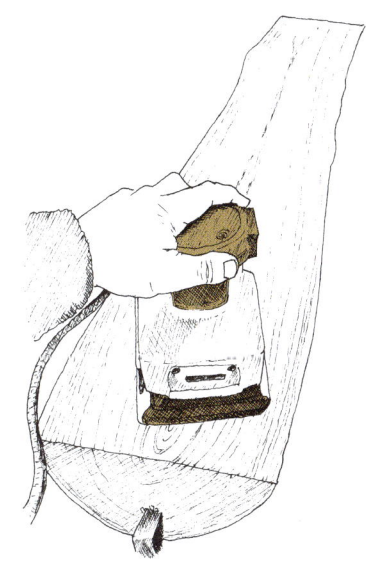

7 Bohren Sie mit dem 4mm-Bohrer jeweils zwei Löcher auf den Bleistiftlinien vor. Schrauben Sie dann die Querbalken mit Holzschrauben an den Beiden fest. Der Sägebock ist nun fertig gebaut.

8 Wenn Sie einen unbehandelten Baumstamm als Bankoberseite verwenden und die Holzoberfläche glätten möchten, können Sie das Holz nun schmirgeln. Fixieren Sie dazu den Stamm mit der Schraubzwinge an der Werkbank und verwenden Sie die grobe Seite der Surform-Raspel, bis die Oberfläche gut abgeflacht ist. Wechseln Sie dann zu Schleifpapier mit 80er Körnung. Am besten arbeiten Sie mit dem Schwingschleifer. Wenn Sie stattdessen auf Muskelkraft angewiesen sind, wird die Arbeit entsprechend anstrengend werden. Wenn die Oberfläche glatt geschliffen ist, wechseln Sie zum Schluss zu Sandpapier mit 120er Körnung.

9 Positionieren Sie den geschmirgelten Stamm auf dem Sägebock-Rahmen und bohren Sie mit dem 4mm-Bohrer Löcher in der Unterseite der oberen Beinabschlüsse vor. Winkeln Sie dabei den Bohrer an, um die Löcher mit dem Stamm zu verbinden. Schrauben Sie dann mit langen Holzschrauben den Stamm an den Beinen fest.

TIPPS

- **SCHRITT 8**

Falls Sie keine Schraubzwinge haben, nageln Sie stattdessen vier stabile Klammern auf die Bank und stecken Sie den Stamm zwischen den Klammern fest.

Schleifen Sie wenn möglich immer in Richtung der Holzmaserung, um Kratzer zu vermeiden, da diese unter durchsichtigen Lacken und Lasuren durchscheinen können – dies gilt besonders für das Schmirgeln mit feinkörnigem Schleifpapier

Tragen Sie beim Schleifen immer eine Staubmaske.

- **SCHRITT 9**

Die Schrauben lassen sich besser in das Holz drehen, wenn Sie vorher das Schraubengewinde an einer alten Kerze reiben.

Nachdem Sie den Stamm mühevoll abgeschliffen haben, sollten Sie eine Oberflächenbehandlung wählen, die die natürliche Schönheit des Holzes zur Geltung bringt. Ich empfehle dafür ein Holzöl. Diese Behandlung ist zwar nicht so wetterbeständig wie ein Lack, unterstreicht aber dafür die Maserung und pflegt das Holz.

Alternativ können Sie die ungeschliffene Holzoberfläche mit Beize behandeln und anschließend einen glänzenden Decklack auftragen.

Die fertige rustikale Baumstamm-Bank.

(A) *Die Jahresringe an den Stammseiten wirken besonders rustikal und sollten sichtbar bleiben.*

(B) *Dieser Rahmen ist leicht aus wenigen Teilen zusammenzubauen, aber trotzdem sehr stabil.*

(C) *Die mühevolle Schleifarbeit zahlt sich aus, wenn Sie die fertig behandelte Holzoberfläche sehen.*

(D) *Ich habe den Rahmen passend zum Stamm in der Naturfarbe belassen. Sie können stattdessen auch mit einer Farblasur arbeiten.*

(E) *Die Unterseite des Stammes kann ruhig unbehandelt bleiben.*

AXTGRIFF-
TISCH

Mindestens 80 Prozent meiner Werkzeuge
habe ich aus zweiter Hand erworben.
Das ist nicht nur sehr viel günstiger als
Neuanschaffungen, oft ist die Verarbeitung
älterer Werkzeuge sogar hochwertiger.
Bei einem Flohmarktbesuch war ich gerade
dabei, eine Axt zu begutachten, als ich einen
kleinen Tisch mit geschwungenen Beinen
entdeckte, der dem französischen Stil nachempfunden war. Ich hatte die Axt noch in der
Hand und da der Griff ähnlich geschwungen
war wie die Tischbeine, kam mir spontan
die Idee für dieses Projekt.

BENÖTIGTE WERKZEUGE

Flachschlitz-Schrauben-
dreher

Sandpapier
(80er und 120er Körnung)
und Schleifblock

Zimmermannsbleistift

Werkbank oder
zwei Sägeböcke

Holzreste

Handbohrmaschine
und 12-mm-Bohrer

Klauenhammer

NÜTZLICHE HELFER

Schwingschleifer

ZUBEHÖR

Holzleim

Holzöl

ZUSCHNITTLISTE

1 Brett,
5 × 31 × 80 cm
(für die Tischplatte)

4 Axtgriffe,
33 cm lang
(für die Beine)

Holzreste
(für die Verbindungskeile
zum Befestigen der Beine))

TIPP

- **SCHRITT 2**

Tragen Sie beim Schmir-
geln der Tischplatte
unbedingt eine Staub-
maske – egal ob Sie per
Hand oder elektrisch
schleifen.

MATERIALAUSWAHL

Die wichtigsten Bauteile für dieses Projekt sind vier gleichgroße Axtgriffe für die Tischbeine. Die Beschaffung sollte allerdings nicht allzu schwierig sein, da Axtgrößen genormt sind – Standardlängen sind beispielsweise 33 oder 40 cm. Die Form und Farbe der vier Axtgriffe muss dabei nicht absolut identisch sein, denn gerade kleine Abweichungen unterstreichen den eigenwilligen Charme dieses Tisches. Die Tischbeine kommen am besten zur Geltung, wenn sie gespreizt im Winkel von etwa 45 Grad angebracht werden.

Die Länge der Griffe bestimmt die Größe der Tischplatte. Legen Sie zwei Griffe auf den Boden und positionieren Sie sie so, dass Länge und Breite harmonisch erscheinen – dies sind die ungefähren Proportionen Ihrer Tischplatte. Unabhängig von Länge und Breite sollte das Holz eine ausreichende Stärke haben, damit die Beine fest angebracht werden können und ein stabiler Tisch entsteht. Ich empfehle eine Dicke von mindestens 5 cm.

Vielleicht haben Sie schon ein besonderes Holzstück parat, das Sie für so eine Gelegenheit beiseitegelegt haben. Falls nicht, sollten Sie die Suche bei einem Holzfachhändler starten. Die Oberseite des Brettes sollte eine schöne Maserung haben und lebendig wirken. Am besten geeignet sind Schnitte aus dem unteren Stammbereich oder nahe der Astgabel.

Um die natürliche Schönheit des Holzes zur Geltung zu bringen, sollten Sie die Oberfläche sorgfältig behandeln – so wird das Holz geschützt und die Maserung unterstrichen. Am besten eignet sich dafür ein pflegendes Holzöl; alternativ können Sie auch eine durchsichtige Lasur verwenden.

Arbeitsschritte

1 Entfernen Sie mit dem Schrauben-dreher die losen Rindenreste von den Brettkanten. Risse in den Holzenden sind unbedenklich. Solange sie nicht die gesamte Länge des Brettes durchziehen oder sich nahe den Beinen befinden, sollten sie keinen Einfluss auf die Stabilität des Tisches haben.

2 Wickeln Sie das Sandpapier mit 80er Körnung um einen Schleifblock und schmirgeln Sie die Seite des Brettes, die sich Ihrer Meinung nach am besten als Oberseite der Tischplatte eignet. Das Schleifen von Hand ist anstrengend – ein Schwingschleifer erleichtert diesen Arbeitsschritt

KONSTRUKTIONSPLAN

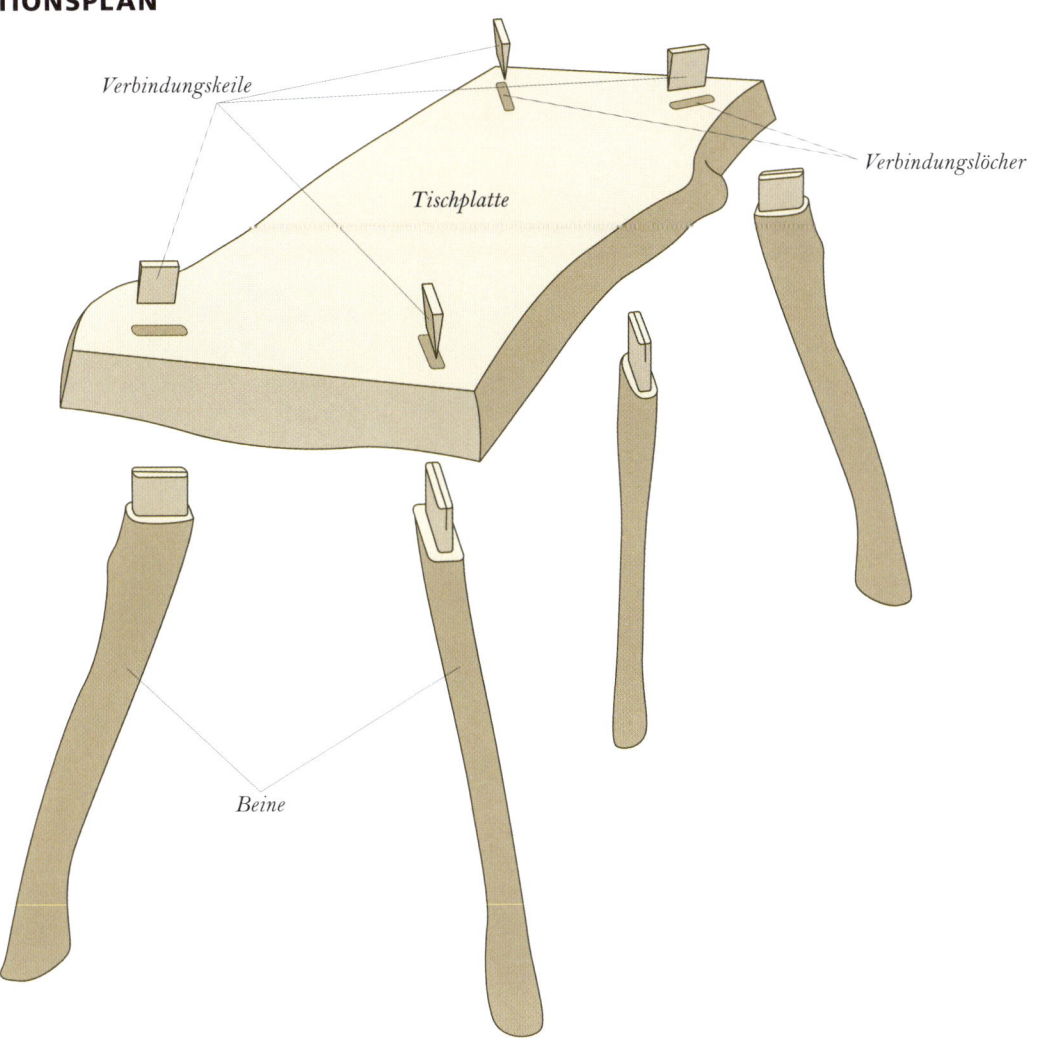

Verbindungskeile

Verbindungslöcher

Tischplatte

Beine

3 Die nächsten Arbeitsschritte sind für das Gelingen des Projektes ausschlaggebend, sollten also besonders sorgfältig ausgeführt werden. Zeichnen Sie die Position der Beine auf der Oberseite der Tischplatte an, indem Sie die Umrisse der Beine mit dem Bleistift nachziehen. Prüfen Sie per Augenmaß die Anordnung der Beine – an diesen Stellen werden später die Verbindungslöcher gebohrt.

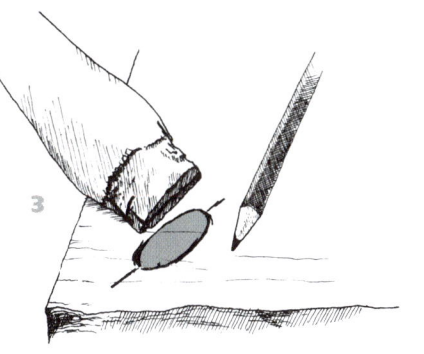

3

Fortsetzung

TIPP

• SCHRITT 3

Ihr Augenmaß kann Ihnen beim Messen behilflich sein. Allerdings erfordert es etwas Übung, zu erkennen, ob eine Linie gerade gezogen oder eine Kurve gleichmäßig geschwungen ist oder – wie in diesem Fall – ob die Tischbeine in gleichem Abstand angeordnet sind. Wenn Sie Ihren Blick erst einmal trainiert haben, können Sie sich darauf verlassen.

TIPPS

- Für übriggebliebene Axtköpfe gibt es zahlreiche Verwendungsmöglichkeiten. Sie können als Befestigung für Pflanzenkletterhilfen in Zaunlatten eingeschlagen werden oder im Haus als Türstopper Verwendung finden.

- Beim Lösen des Axtkopfes mit dem Hammer sollten Sie eine Schutzbrille tragen und auf Ihre Zehen aufpassen.

- Nach dem Fällen und Spalten wird das Holz gestapelt und zum Trocknen manchmal mehrere Jahre gelagert. Die Enden der Bretter trocknen schneller als der Rest des Holzes und sind daher besonders splitteranfällig. Diese Abschnitte werden im Holzhandel oft abgesägt und zu günstigeren Preisen angeboten.

- SCHRITT 6

  Verwenden Sie ein kleines Holzstück als Bohrunterlage, damit das Holz nicht splittert, wenn der Bohrer es durchsticht.

  Tragen Sie beim Bohren immer eine Schutzbrille.

  Wenn Sie sich beim Bohren der schräg verlaufenden Löcher unsicher sind, können Sie die Technik erst an einem Stück Restholz üben.

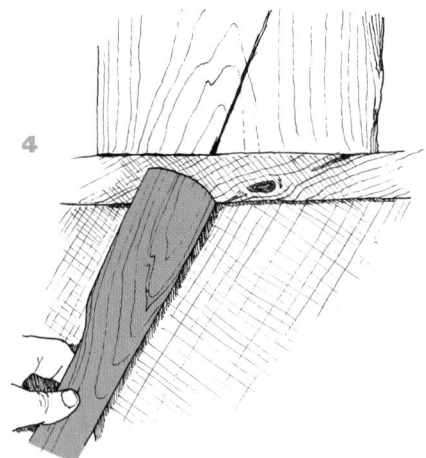

④ Damit Sie die Beine gespreizt anbringen können, müssen die Verbindungslöcher schräg verlaufend gebohrt werden. Schaffen Sie sich eine Bohrführung, indem Sie die Tischplatte so auf die Werkbank legen, dass ein Ende überhängt. Halten Sie das Ende eines kleinen Holzstückes auf und ein Tischbein im 45-Grad-Winkel unter die Platte. Verlängern Sie die Neigungslinie mit dem Bleistift nach oben und zeichnen Sie sie auf dem Holzstück an. Am besten lassen Sie sich bei diesem Arbeitsschritt helfen.

⑥ Bohren Sie vorsichtig die Form des Verbindungsloches mit sich überlappenden Löchern aus. Wiederholen Sie die Schritte 5 und 6 für die restlichen Beine.

⑤ Bringen Sie das angezeichnete Holzstück dort in Position, wo das schräge Verbindungsloch gebohrt werden soll und vergewissern Sie sich, dass die Neigung der Linie in die richtige Richtung zeigt. Verwenden Sie einen 12mm-Bohrer (oder einen Bohrer in der Größe des Griffdurchmessers), setzen Sie den Bohrer auf der Tischplatte auf und schrägen Sie ihn per Augenmaß im Winkel der Linie auf dem Holzstück an.

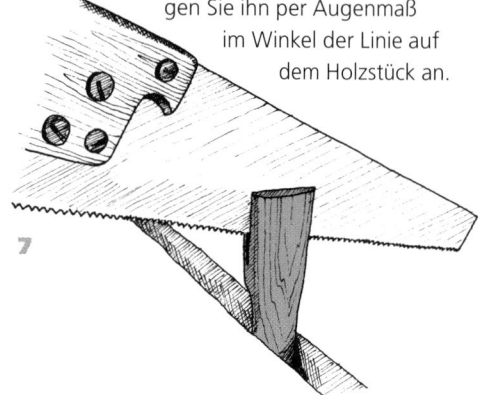

⑦ Die Verbindungskeile sorgen für zusätzliche Stabilität des Tisches. Schneiden Sie mit dem Fuchsschwanz einen Schlitz in die Verbindungsseite der Axtgriffe. Der Schlitz sollte so tief wie die Dicke der Tischplatte sein. Schneiden Sie dann vier Holzkeile, die etwas kürzer als der Schlitz und am breiten Ende etwa 6 mm breit sind.

8 Drehen Sie die Tischplatte herum, so dass die Unterseite nach oben zeigt. Füllen Sie Holzleim in die Verbindungslöcher und stecken Sie die Beine in die Löcher, so dass sie leicht über die Tischoberseite herausragen. Drehen Sie dann den Tisch herum und stellen Sie ihn auf. Nun können Sie die Position der Beine prüfen und gegebenenfalls korrigieren.

9 Schlagen Sie mit dem Klauenhammer die Verbindungskeile in die Schlitze der Axtbeine. Beginnen Sie vorsichtig, aber schlagen Sie dann ein paar Mal fest zu, um die Keile in Position zu bringen. Lassen Sie den Holzleim über Nacht trocknen.

TIPPS

• **SCHRITT 8**

Sollte der Tisch wackeln, setzen Sie ihn auf eine flache Unterlage und prüfen Sie, welches Bein zu lang ist. Schneiden Sie dann das Bein etwas zurück, bis der Tisch stabil steht.

• **SCHRITT 10**

Ich habe meinen Tisch mit Holzöl behandelt. Zwar ist diese Variante nicht so haltbar wie andere Oberflächenbehandlungen, aber sie unterstreicht die natürliche Schönheit des Holzes. Tragen Sie mindestens drei dünne Schichten auf und schmirgeln Sie zwischen jeder Schicht mit Sandpapier (120er Körnung).

Wenn Sie das Holzöl mit einem Tuch auftragen, sollten Sie bei der Entsorgung besonders vorsichtig sein, da ölgetränkte Stoffreste leicht entzündbar sind.

10 Am nächsten Tag können Sie die hervorstehenden Axtenden und Keilstücke absägen und mit Sandpapier (80er Körnung) bündig zur Tischplatte abschleifen.

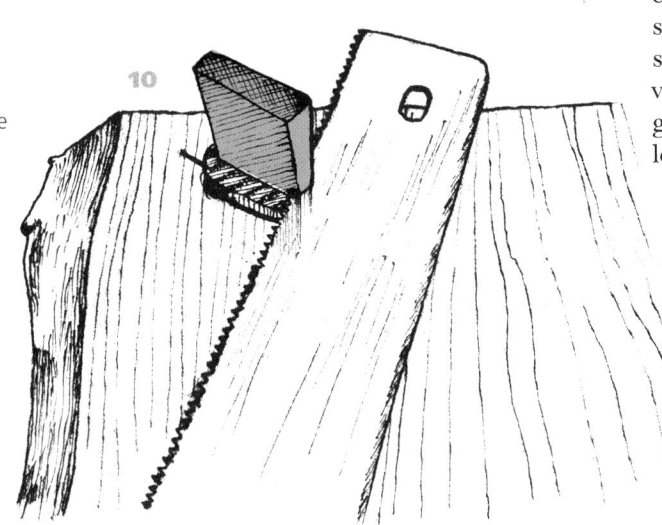

Der fertige Axtgriff-Tisch.

(A) *Abgesägte Äste verleihen dem Holz Leben.*

(B) *Die gerade Maserung der Tischplatte bildet einen schönen Kontrast zur rauen Struktur der Rinde an den Seiten.*

(C) *Die wellenförmige Maserung entlang der glatten Seite des grob gehauenen Holzes macht diese Tischplatte besonders reizvoll.*

(D) *Die Kurve an der Axtgriff-Oberseite lässt die Tischbeine besonders interessant wirken.*

BLUMEN-STÄNDER

Die Inspiration für dieses Projekt war eine alte, nicht mehr funktionstüchtige Leiter – die wenigen Sprossen, die sie noch hatte, waren morsch geworden. Statt sie zu entsorgen, habe ich sie mit drei alten Gerüstlatten zu einem Blumenständer für Hänge- und Kletterpflanzen umfunktioniert. Im Handel sind solche Ständer recht kostenintensiv, aber sie sind einfach zu bauen und die paar Stunden Zeit, die Sie dafür investieren, lohnen sich wirklich.

BENÖTIGTE WERKZEUGE

Bandmaß und
Zimmermannsbleistift

Fuchsschwanz

Holzraspel

Schraubendreher
oder Klauenhammer

Schraubzwinge

Handbohrmaschine mit
4-mm- und 10-mm-Bohrer

NÜTZLICHE HELFER

Akku-Bohrschrauber

ZUBEHÖR

Holzschrauben oder Nägel

ZUSCHNITTLISTE

1 Holzleiter

1 Brett,
3 × 23 × 99 cm
(für die obere Ablage)

1 Brett,
3 × 23 × 132 cm
(für die mittlere Ablage)

1 Brett,
3 × 23 × 159 cm
(für die untere Ablage)

1 Brett,
2,5 × 5 cm × 1,8 m
(für die Ablage-
halterungen)

MATERIALAUSWAHL

Die Leiter, die ich für dieses Projekt ausgewählt habe, hatte über die Jahre schon einige Sprossen eingebüßt. Eine Sprosse war genau da abgebrochen, wo ich eine Ablagehalterung anbringen wollte. Hätte ich aber an dieser Stelle keine Ablage angebracht, wäre mein Blumenständer zu klein aufgefallen. In solchen Fällen können Sie die Sprosse durch eine nicht benötigte Sprosse ersetzen oder mit Holzdübeln arbeiten, die den gleichen Durchmesser wie die Sprossen haben. Um die unterschiedlichen Holzfarben zu kaschieren, könnten Sie die Oberflächen mit deckender Holzfarbe streichen.

Alte Gerüstlatten eignen sich hervorragend für die Ablagen. Normalerweise sind sie aus 3 cm dickem, wetterbeständigem Holz von guter Qualität gefertigt. Sie können aber auch beliebige Bretter verwenden, solange diese solide und von ähnlicher Dicke sind. Außerdem benötigen Sie 2,5 x 5 cm Bretter für die Ablagehalterungen.

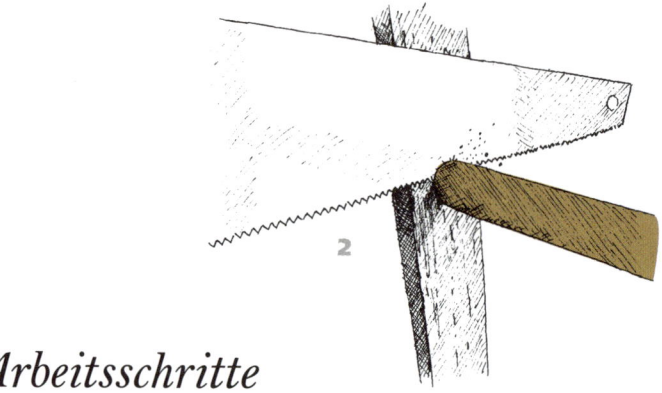

Arbeitsschritte

❶ Überlegen Sie sich zuerst, welche Höhe Ihr Blumenständer haben soll – diese hängt eventuell auch vom Zustand der verwendeten Leiter ab. Beachten Sie bei der Festlegung der Höhe, dass Sie zwei etwa gleichlange Leiterhälften benötigen. Verwenden Sie Maßband und Bleistift, um die Trennstelle zu markieren und sägen Sie dann die Leiter mit dem Fuchsschwanz in zwei Teile. Wenn Sie keine Sprosse zu ersetzen haben, können Sie gleich zu Schritt 3 übergehen. Um eine Sprosse als Ablagehalterung zu ersetzen, folgen Sie Schritt 2.

❷ Verwenden Sie als Ersatzsprosse eine Sprosse der Leiter, die in ihrer ursprünglichen Position nicht als Ablagehalterung benötigt wird. Sägen Sie ein Sprossenende nah am Leiterrahmen mit dem Fuchsschwanz durch und wackeln Sie dann an der Sprosse, bis diese sich löst. Glätten Sie das gesägte Ende mit einer Holzraspel und legen Sie die Sprosse in die von der fehlenden Sprosse zurückgelassenen Löcher im Leiterrahmen. Wenn die Sprosse nicht fest genug sitzt, können Sie sie mit jeweils einer Schraube fixieren, die Sie durch die Leiterseiten in die Sprossen schrauben.

Fortsetzung

KONSTRUKTIONSPLAN

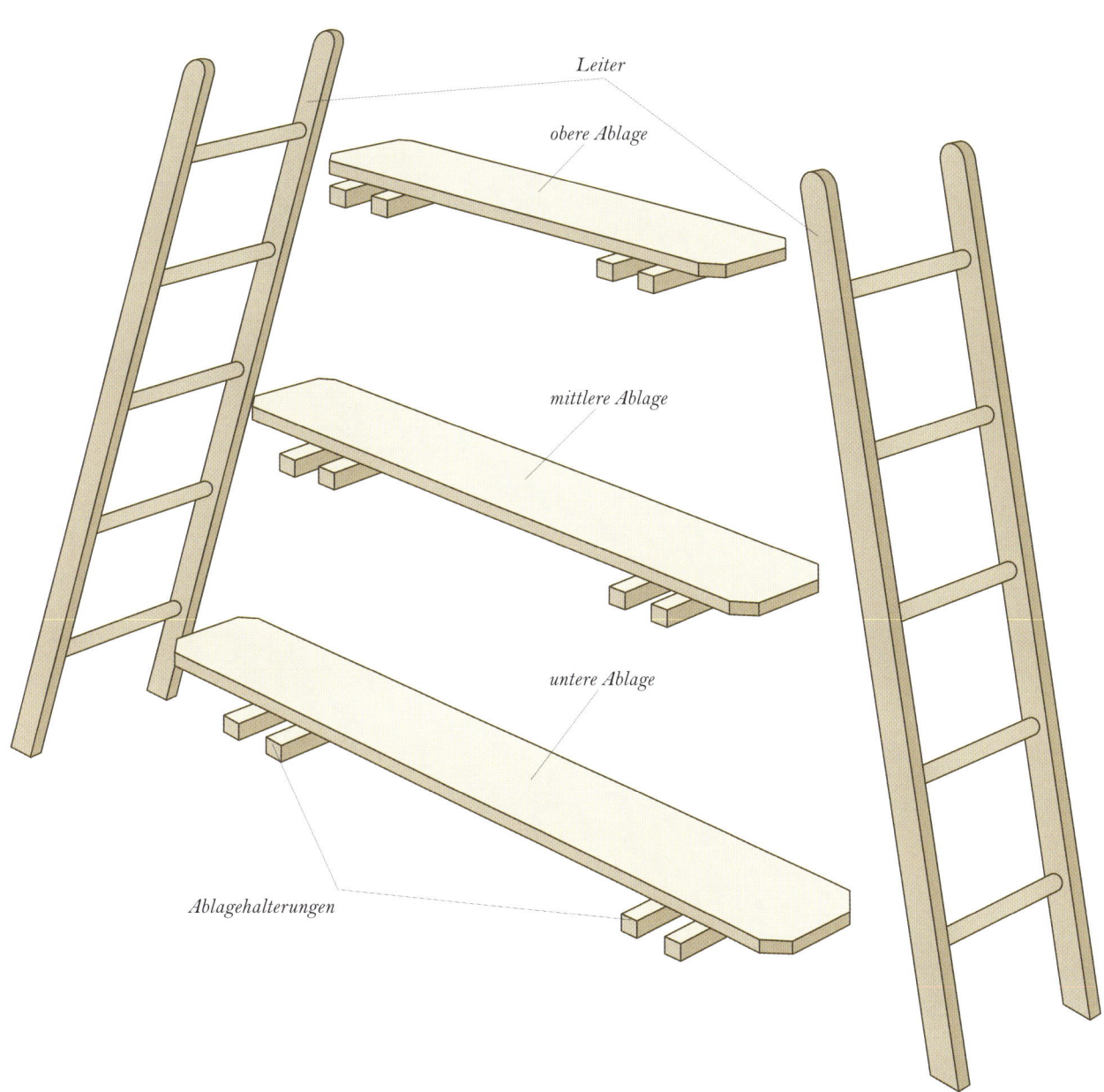

Leiter

obere Ablage

mittlere Ablage

untere Ablage

Ablagehalterungen

TIPPS

SCHRITT 3

Ich finde es optisch ansprechend, wenn die oberen Leiterenden etwas länger als die Höhe der obere Ablage stehenbleiben. Wenn Sie jedoch denken, dass Sie dies beim Gießen stören würde, können Sie die Enden entsprechend kürzen.

SCHRITT 4

Am besten lassen Sie sich bei diesem Schritt helfen, indem Sie jemanden die Leitern oder das Bandmaß halten lassen.

SCHRITT 5

Um alle Ecken gleichmäßig zu bearbeiten, verwenden Sie am besten die erste abgesägte Ecke als Schablone zum Markieren der restlichen Ecken.

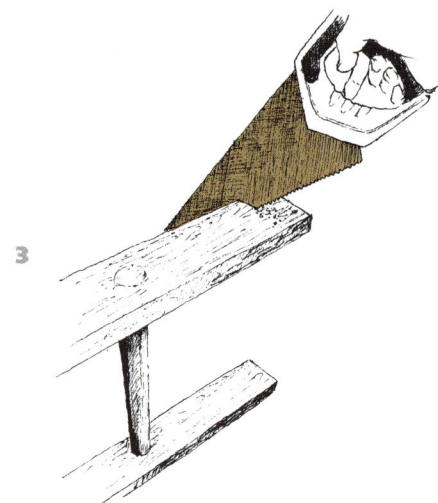

3 Legen Sie die Leiterseiten nebeneinander und prüfen Sie, ob die Sprossen parallel zueinander sind. Ist dies nicht der Fall, markieren Sie die Differenz an den Leiterenden und sägen diese entsprechend zurück. Alle vier Leiterenden sollten exakt im rechten Winkel zugeschnitten werden (die Standflächen werden erst später geformt).

4 Bringen Sie die beiden Leiterteile am oberen Ende etwas zusammen, so dass eine ausgewogene A-Form entsteht: nicht so eng, dass der diagonale Effekt verloren geht, aber auch nicht zu weit gespreizt. Markieren Sie mit Bandmaß und Bleistift die Abstände der sich gegenüberliegenden Sprossen an der Stelle, wo Ablagen angebracht werden sollen (mindestens 2 – eine obere und eine untere Ablage) und notieren Sie die Abmessungen.

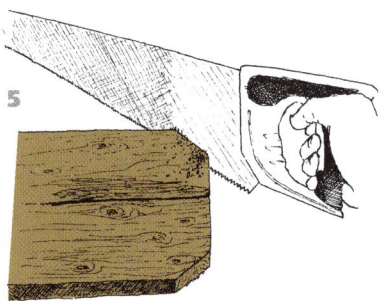

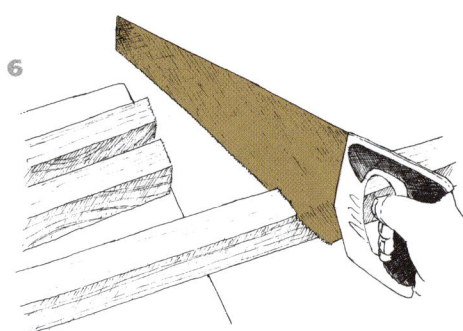

5 Fügen Sie für jede Ablage 30 cm zu den notierten Maßen hinzu, so dass die Ablagen auf jeder Seite 15 cm überstehen. Messen Sie die Bretter aus, markieren Sie die Länge und schneiden Sie sie mit dem Fuchsschwanz zu. Schrägen Sie alle Ecken mit der Säge ab, um eine interessante Form zu erhalten und zu vermeiden, dass Sie sich am Gießen an scharfen Kanten stoßen.

6 Zur Herstellung der Ablagehalterungen sägen Sie mit dem Fuchsschwanz vier 2,5 x 5 cm Bretter zu. Die Bretter sollten jeweils 1 cm kürzer als die Breite der Ablage sein. Wiederholen Sie diesen Schritt und fertigen Sie für jede Ablage vier Halterungen.

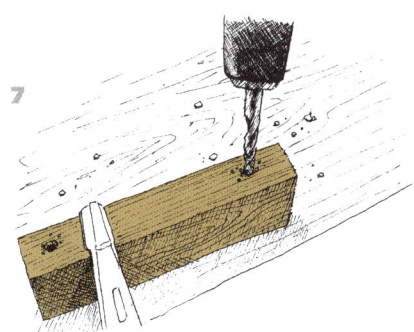

7 Befestigen Sie mit der Schraubzwinge eine Ablagehalterung (die schmalere Seite zeigt nach oben) an der Werkbank oder einem Holzbrett und bohren Sie zwei 10-mm-Löcher bis zu etwa ¼ der Tiefe der Seitenkante in diese hinein. Die Abstände zu den Enden betragen jeweils 2,5 cm. Wechseln Sie dann zu einem 4-mm-Bohrer und bohren Sie ganz durch das Holz. (So können Sie an den Seiten etwas kürzere Schrauben verwenden und sorgen dafür, dass alle in diesem Projekt verwendeten Schrauben die gleiche Länge haben). Wiederholen Sie dies mit jeder Ablagehalterung.

8 Drehen Sie die Ablagehalterungen auf die andere Seite (auf der breiten Seite liegend), fixieren Sie sie nacheinander mit der Schraubzwinge und bohren Sie ein 4-mm-Loch in die Mitte des Klötzchens.

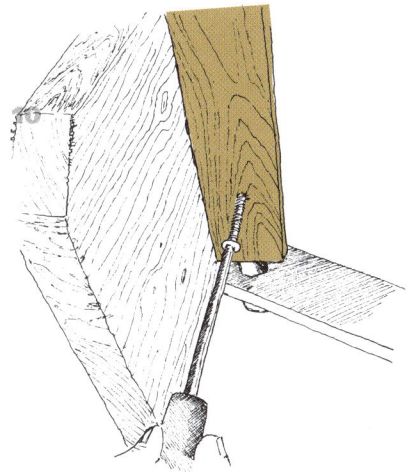

9 Bringen Sie eine Ablagehalterung im Abstand von 15 cm von einem Ende der Ablage an. Drehen Sie dafür jeweils zwei Schrauben durch die Brettoberseite. Messen Sie die Sprossenbreite von der Innenkante der angeschraubten Halterung in Richtung Ablagemitte und bringen Sie dort eine weitere Halterung an. Wiederholen Sie diese Schritte auf der anderen Seite der Ablage und an allen Ablagen.

10 Die Leiterteile liegen auf der Seite. Bringen Sie die Ablagen in Position, prüfen Sie diese noch einmal und schrauben Sie dann die Ablagen an. Drehen Sie eine Schraube durch die Ablagehalterung und mindestens zwei weitere Schrauben durch die Ablageoberseite in die Sprosse hinein.

11 Stellen Sie den Blumenständer auf und legen Sie einen 2-cm-Holzklotz an die Unterkante der Leiter. Zeichnen Sie eine Bleistiftlinie entlang der Oberkante des Klotzes an die Blumenständerbeine. Sägen Sie dann mit dem Fuchsschwanz entlang der Markierungen, so dass die Füße parallel zum Boden abschließen. Runden Sie die Oberkanten der Leiter mit einer Holzraspel ab. Der Blumenständer ist nun einsatzbereit.

TIPPS

- **SCHRITT 7**

Wenn Sie die Bohrtiefe nicht an der Bohrmaschine einstellen können, wickeln Sie ein Stück Kreppband an der Stelle um den Bohrer, wo das Loch enden soll – in diesem Fall messen Sie dafür ¼ der Seitenkantentiefe.

- **SCHRITT 10**

Wenn Sie möchten, können Sie Nägel statt Holzschrauben verwenden. Schrauben schaffen jedoch haltbarere Verbindungen und sind leichter zu entfernen, wenn der Blumenständer irgendwann auseinandergebaut werden soll.

- **SCHRITT 11**

Für ein besonders originelles Produkt können Sie zusätzlich Pflanzboxen anfertigen. Als Material eignen sich dafür am besten alte Terrassendielen-Stücke, die bereits für den Außengebrauch vorbehandelt wurden. Ich habe mehrere Boxen in verschiedenen Längen passend für die Ablagen gebaut. Überlegen Sie sich, wie viele Boxen Sie anfertigen möchten und wie groß diese sein sollen. Schneiden Sie dann die Teile mit dem Fuchsschwanz zu und nageln Sie sie einfach zusammen.

Der fertige Blumenständer.

(A) *Die abgeschrägten Ecken der Ablagen vermeiden, dass sich jemand wehtut.*

(B) *Die Seiten der Pflanzboxen werden einfach auf Stoß aneinandergelegt. Hier sind keine eleganten Übergänge notwendig.*

(C) *Die Ablagehalterungen sind an der Ablageunterseite fixiert und werden auf die Sprossen gesteckt, um den ganzen Blumenständer stabiler zu machen.*

(D) *Sie müssen die Oberkanten der Leiter nicht abrunden, ich finde diese Optik jedoch besonders edel.*

(E) *Schrauben versprechen mehr Stabilität und bessere Haltbarkeit als Nägel.*

DREITÜR-SICHTSCHUTZ

Trotz aller Bemühungen gibt es wohl in jedem Garten eine Ecke, die etwas unansehnlich ist. Vielleicht befinden sich dort die Mülltonnen, die Gartenspielzeuge der Kinder oder das Grillzubehör. Der Dreitür-Sichtschutz ist die perfekte Möglichkeit, eine solche Gerümpel-Ecke zu verdecken. Selbst wenn Ihr Garten perfekt aufgeräumt ist, ist er ein schöner Hingucker. Sie können den Sichtschutz auch dazu verwenden, einen Teil Ihres Gartens besonders gemütlich zu gestalten – er spendet Schatten und schützt vor Wind und neugierigen Blicken.

BENÖTIGTE WERKZEUGE

Stichsäge oder
Fuchsschwanz

Bandmaß und
Zimmermannsbleistift

Handbohrmaschine und
4-mm-Bohrer

Schraubendreher

NÜTZLICHE HELFER

Akku-Bohrschrauber

Schraubendreher

ZUBEHÖR

Holzschrauben

Vier 7,5 cm Scharniere

ZUSCHNITTLISTE

3 Türen,
76 × 198 cm

2 Bretter,
2,5 × 15 × 31 cm
(für die Füße)

MATERIALAUSWAHL

In diesem Projekt können Sie Ihrer Kreativität freien Lauf lassen. Der Sichtschutz ist leicht zu bauen und kann dann je nach Vorliebe farbig gestrichen oder bis auf die natürliche Holzoberfläche abgeschliffen werden – in meiner Variante habe ich beide Möglichkeiten kombiniert.

Sie benötigen für die Konstruktion drei Türen, die jedoch nicht unbedingt einheitlich sein müssen – es kann sogar interessanter wirken, wenn verschiedene Türen verwendet werden. Meine Türen habe ich bei einer Hausrenovierung auf dem Feuerholzstapel gefunden. Nach freundlicher Nachfrage war der Bauherr gern bereit, sie mir zusammen mit einigen anderen Holzresten zu überlassen. Auch auf dem Sperrmüll könnten Sie mit etwas Glück bei der Suche nach passenden Türen fündig werden.

Wenn Sie die natürliche Holzoberfläche bevorzugen, aber nur gestrichene Türen finden, haben Sie zwei Möglichkeiten: Entweder Sie lassen die Türen professionell abbeizen bzw. entlacken, oder Sie verwenden ein Abbeiz- bzw. Lösungsmittel aus dem Baumarkt oder alternativ eine Heißluftpistole. Ich bevorzuge letztere, denn die Pistolen gibt es mittlerweile recht günstig im Handel und wenn Sie öfter Holzoberflächen behandeln, wird sich die kleine Investition schnell auszahlen. Nach dem Entlacken sollten Sie die Tür mit Sandpapier (120er Körnung) und einen Schleifblock oder mit dem Schwingschleifer abschleifen.

Wenn Sie Glück haben, befinden sich an Ihren Türen noch die Scharniere – ansonsten können Sie die preiswerteste 7,5cm-Variante aus dem Baumarkt verwenden.

KONSTRUKTIONSPLAN

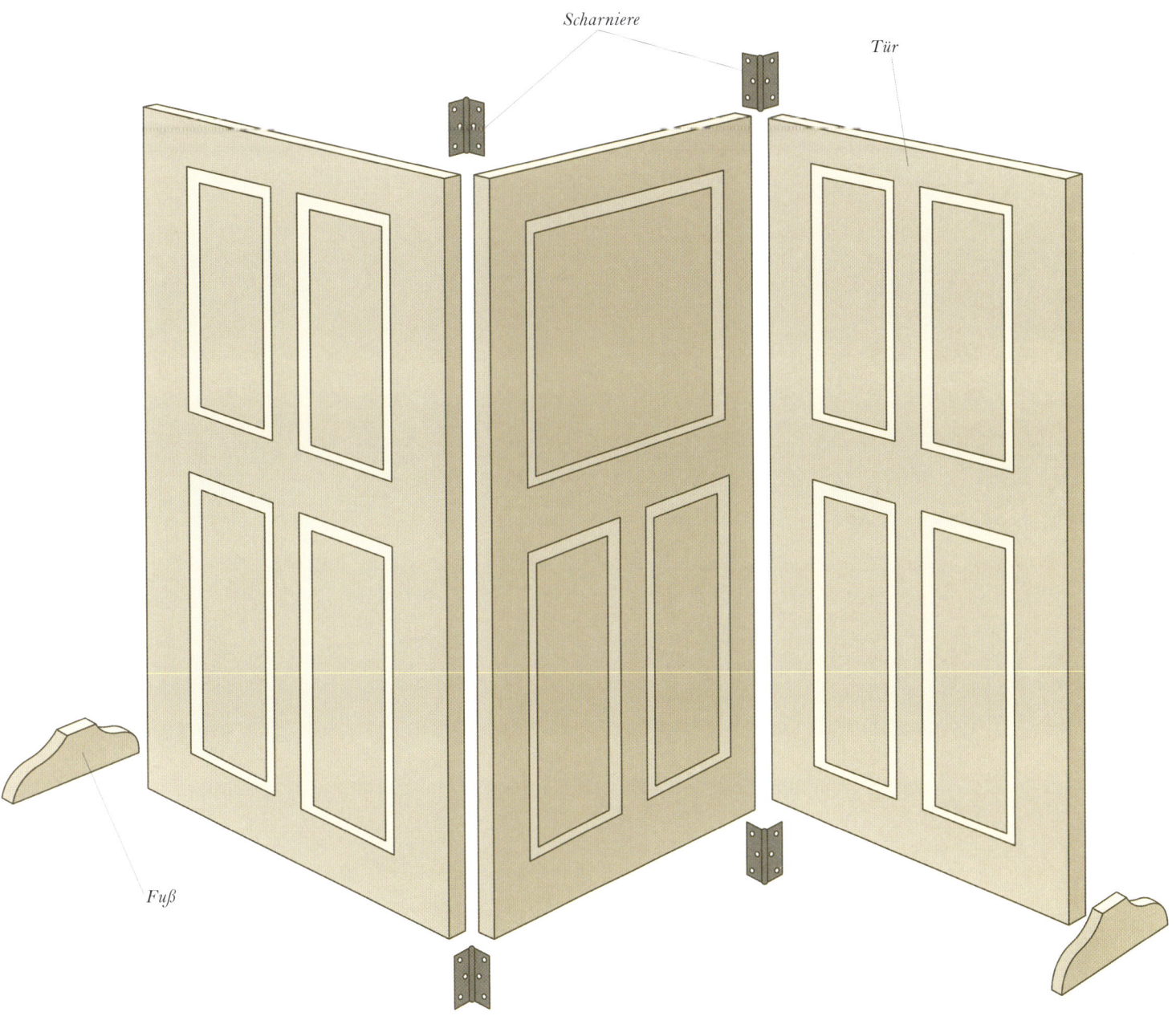

Scharniere

Tür

Fuß

TIPPS

- Wenn Sie ein Lösungsmittel zum Abbeizen verwenden, sollten Sie unbedingt eine Schutzbrille und Schutzhandschuhe tragen. Befolgen Sie immer die Herstelleranleitung.

SCHRITT 2

Wenn Sie eine Stichsäge haben, können Sie den Fuß in einer hübschen geschwungenen Form zuschneiden. Mit dem Fuchsschwanz können Sie alternativ die oberen Ecken abschrägen, um den Fuß etwas gefälliger wirken zu lassen.

Arbeitsschritte

1 Wenn Sie die Türen streichen oder lasieren möchten, sollten Sie dies vor dem Zusammenbauen des Sichtschutzes tun. Möchten Sie die natürliche Holzoberfläche beibehalten, tragen Sie lediglich einige dünne Schichten durchsichtige Holzlasur für den Außenbereich auf, um das Holz vor Witterungseinflüssen zu schützen. Alternativ können Sie die Türen mit ein oder zwei Schichten deckender Holzfarbe für den Außenbereich streichen.

2 Der Sichtschutz muss etwas stabilisiert werden, damit er nicht beim ersten Windstoß umfällt. Schneiden Sie dafür zwei Füße aus mindestens 2,5 cm dickem Holz zu (jeweils etwa 31 cm lang und 15 cm hoch).

3 Ziehen Sie mittig auf jedem Fuß eine Bleistiftlinie und bohren Sie darauf mit dem 4mm-Bohrer drei Löcher in gleichmäßigem Abstand.

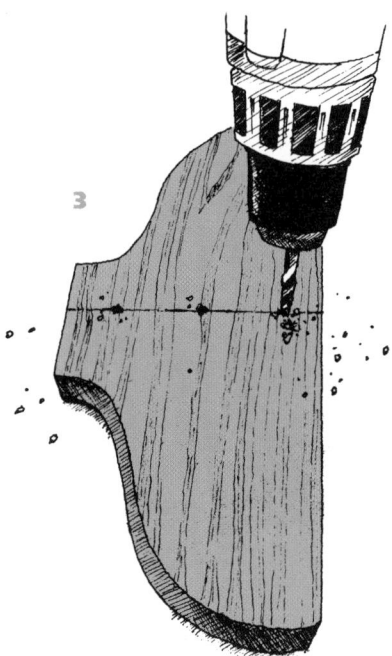

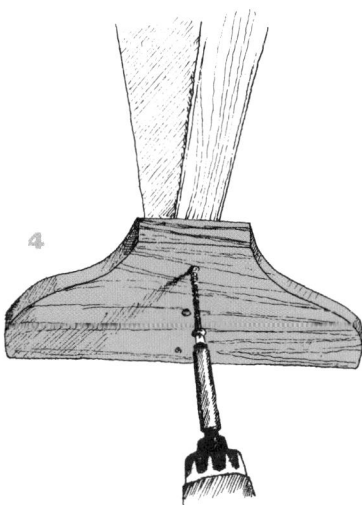

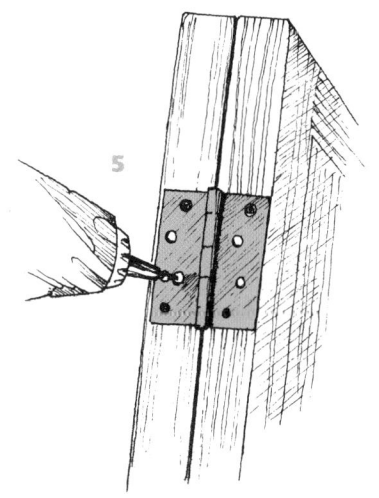

- SCHRITT 4

Lassen Sie sich wenn möglich helfen: Zwei zusätzliche Hände können die Türen festhalten, während Sie sie bearbeiten.

- SCHRITT 5

Beim Einpassen der Scharniere sollte das Mittelstück über die Türkante hinausragen. So entsteht zwischen den Türen ein kleiner Zwischenraum, damit diese nicht aneinander reiben oder sich ver-haken.

④ Bringen Sie einen Fuß so in Position, dass er bündig mit der Unterkante der ersten Tür abschließt und schrauben Sie ihn mit Holzschrauben an. Die Schrauben sollten dabei lang genug sein, um etwa 5 cm in die Tür hinein gedreht zu werden. Bringen Sie den zweiten Fuß an der Unterseite der dritten Tür auf die gleiche Weise an.

⑤ Lehnen Sie die Türen in der ge-wünschten Reihenfolge an eine Wand. Beginnen Sie mit der ersten Tür und schrauben Sie die Scharniere mit jeweils etwa 10 cm Abstand zu Ober- und Unterkante an der Türseite ohne Fuß an. Verfahren Sie mit der dritten Tür ebenso – hier sollten die Scharniere allerdings in die entgegengesetzte Richtung zeigen. Danach können Sie die beiden äußeren an der inneren Tür anschrauben. Legen Sie dabei die Türen möglichst eng aneinander – hier kann ein zusätzliches Paar Hände sehr hilfreich sein.

OPTIONALER SCHRITT

Falls eine der Türen offene Ausschnitte hat, in denen Glasscheiben befestigt waren, können Sie diese ganz einfach mit einer Pressholzplatte füllen. Sie können die Platte anschließend mit Außenfarbe oder Tafelfarbe streifen – letztere bietet Ihnen sogar die Möglich-keit, Notizen für Ihre Familie auf den Sichtschutz zu schreiben, Gartenpläne zu skizzieren oder spontane Ideen festzuhalten.

(A) *Glasscheiben können Sie durch mit Tafelfarbe gestrichene Pressholzplatten ersetzen.*

(B) *Die Türen müssen nicht einheitlich sein und können auch ruhig verschieden be-arbeitete Oberflächen haben.*

(C) *Achten Sie darauf, dass die Schrauben gerade durch den Fuß und in die Türkante gedreht werden.*

(D) *Die Scharnierbänder sollten nicht breiter als die Türkanten sein.*

Der fertige Dreitür-Sichtschutz.

A

B

D

C

RUNDTISCH MIT ABLAGE

Dieses Projekt wird Ihnen besonders viel Freude machen: es ist schnell und einfach gebaut, benötigt nicht viel Holz und das Ergebnis ist ein kleiner, praktischer Tisch mit vielen Einsatzmöglichkeiten. Sie können den Tisch streichen oder die natürliche Holzoberfläche beibehalten. Für meine Kinder habe ich einen dieser Tische gebaut und die Tischplatte mit Tafelfarbe gestrichen, damit sie darauf malen und zeichnen können.

BENÖTIGTE WERKZEUGE

Handbohrmaschine
mit 4-mm- und 6-mm-Bohrer

Bandmaß und 2 Bleistifte

Klauenhammer

Schraubzwinge

Stichsäge

Stechbeitel

Holz- oder Surform-Raspel

Sandpapier
(80er und 120er Körnung)
und Schleifblock

Zollstock

Winkelmesser/Geodreieck

Flachkopf-Schraubendreher

Fuchsschwanz

Schraubstock oder -zwinge

NÜTZLICHE HELFER

Akku-Bohrschrauber

Schwingschleifer

ZUBEHÖR

Nägel, Holzleim,
Holzschrauben

ZUSCHNITTLISTE

1 Brett,
1 × 2,5 × 46 cm
(für den Stangenzirkel)

2 Sperrholzplatten,
2 × 76 × 76 cm
(für Tischplatte und Ablage)

4 Bretter,
6 × 7,5 × 46 cm
(für die Beine)

TIPP

• SCHRITT 3

Achten Sie beim Arbeiten
mit der Stichsäge darauf,
dass Finger und Kabel
dem Sägeblatt nicht zu
nahe kommen

MATERIALAUSWAHL

Um diesen Tisch herzustellen, benötigen Sie lediglich Sperrholz und ein paar Bretter. Zunächst sollten Sie sich überlegen, wie und wo der Tisch zum Einsatz kommen soll, damit Sie den Durchmesser von Platte und Ablage festlegen können. Danach können Sie sich auf die Suche nach passendem Sperrholz oder zwei soliden Holzplatten machen. Der Tisch verlangt zwei runde Komponenten – Platte und Ablage – diese müssen jedoch nicht aus dem gleichen Material gefertigt sein: verschiedene Werkstoffe lassen den Tisch besonders interessant wirken. Für meinen Tisch habe ich einen Sperrholzrest für den Außengebrauch verwendet.

Das Holz für die Tischbeine sollte zum Tischdurchmesser passen. Mein Tisch hat beispielsweise einen Durchmesser von 76 cm und ich habe 6 × 7,5 cm Material für die Beine verwendet – jeweils auf 46 cm Länge zugeschnitten. Für jedes der vier Beine werden zwei verschiedene Halterungen gefertigt. Die Tischplatte liegt auf stufenförmig gekerbten Ecken (Falz) auf und die Ablage wird durch seitliche Schlitze (Nuten) fixiert.

Um die beiden Kreise zu erhalten, bedienen wir uns einer uralten Technik: Ein Stangenzirkel lässt sich leicht aus einem langen, dünnen Brett, einem Bleistift und einem Nagel anfertigen.

Die genauen Maße des Brettes sind nicht entscheidend, es sollte nur breit genug für das Bleistiftloch und etwas länger als die Hälfte des Tischdurchmessers (plus 7,5 cm für Bleistift und Nagel) sein. Zum Zeichnen des Kreises eignet sich leichtes Holz am besten. Statt einem Zollstock können Sie auch ein gerades Stück Holz verwenden. Wenn Sie den Tisch ohne Stichsäge bauen möchten, können Sie eine Variante mit quadratischen Platten fertigen – schneiden Sie Tischplatte und Ablage mit dem Fuchsschwanz quadratisch zu und folgen sie den restlichen Anleitungen (der Stangenzirkel ist in diesem Fall nicht notwendig).

Arbeitsschritte

1 Um die Kreisform für die Tischplatte zu markieren, stellen Sie zuerst den Stangenzirkel her. Verwenden Sie dazu ein Stück dünnes Brett, das mindesten 7,5 cm länger als die Hälfte des Tischdurchmessers ist. Bohren Sie mit dem 6mm-Bohrer ein Loch in ein Ende und schieben Sie den Bleistift hinein. Verwenden Sie das Bandmaß und den zweiten Bleistift, um von der Bleistiftspitze aus die Hälfte des Tischdurchmessers zu markieren und bringen Sie an dieser Stelle einen Nagel an.

2 Positionieren Sie den Stangenzirkel in der Mitte des Tischplatten-Brettes und zeichnen Sie den Kreis mit dem Bleistiftende. Wiederholen Sie dies auf dem anderen Brett, so dass zwei gleichgroße Holzkreise entstehen.

KONSTRUKTIONSPLAN

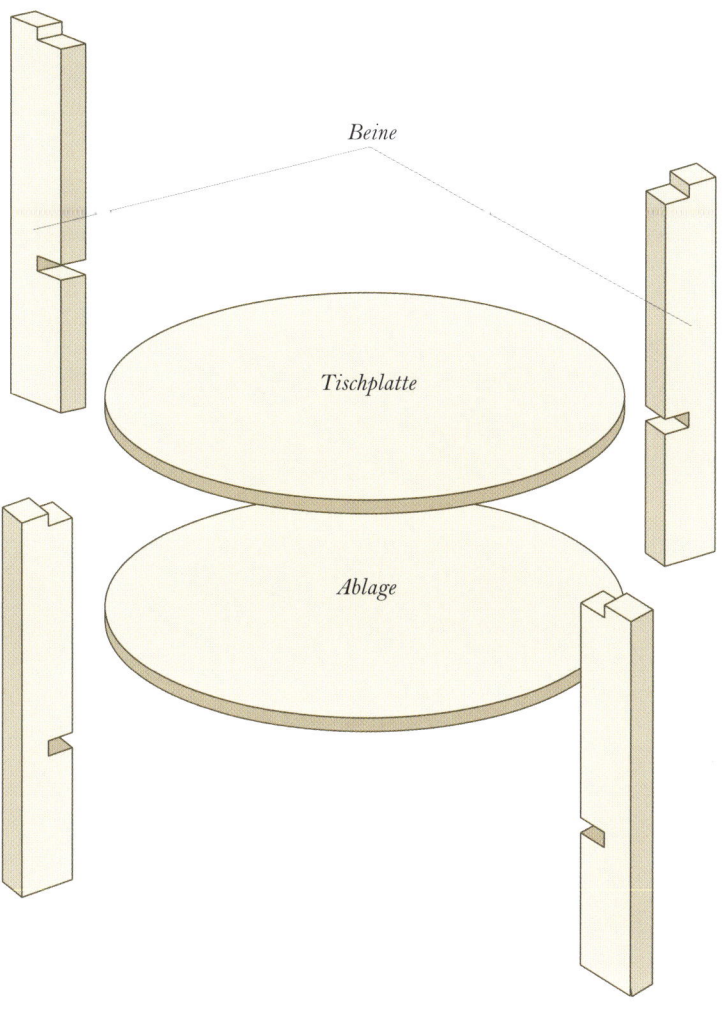

Beine

Tischplatte

Ablage

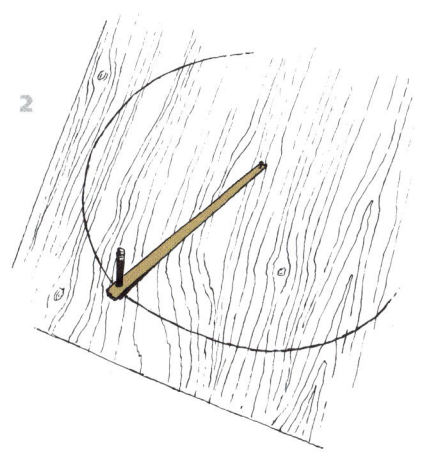

2

3 Fixieren Sie jeweils ein Brett sicher an der Werkbank oder einer stabilen Unterlage. Folgen Sie mit der Stichsäge dem Kreisverlauf und schneiden Sie Tischplatte und Ablage aus.

3

Fortsetzung

TIPPS

● SCHRITT 5

Es gibt viele mathematisch korrekte Möglichkeiten, die Kreisviertel zu markieren. Eine simple Option ist das Anlegen einer 90-Grad Ecke von einem Stück Papier oder Pappe.

● SCHRITT 6

Wenn Sie Ihren Blick bereits für rechte Winkel, Kurven und Kreise trainiert haben, vertrauen Sie beim Markieren ruhig auf Ihr Augenmaß. Messen Sie dann gegebenenfalls noch einmal nach, um exakt zu arbeiten – so schulen Sie Ihren Blick und vermeiden gleichzeitig Ungenauigkeiten.

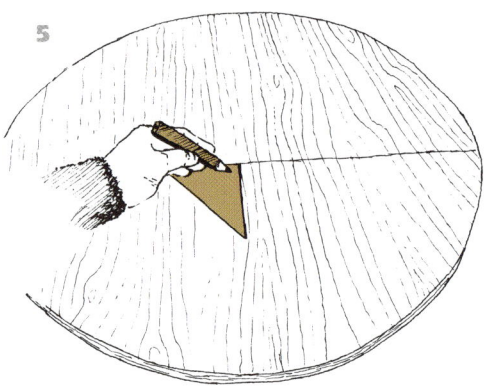

4 Legen Sie die beiden Kreise aufeinander und richten Sie die Ränder möglichst genau aufeinander aus. Achten Sie darauf, dass das vom Stangenzirkel hinterlassene Loch auf einer Platte sichtbar ist und nageln Sie die Platten provisorisch mit zwei Nägeln zusammen (so bleiben die Kreise identisch, wenn Sie die Ränder bearbeiten). Verwenden Sie eine Holzraspel oder Surform-Raspel, um die Ränder zu glätten und Unebenheiten zu entfernen. Bearbeiten Sie dann die Ränder mit Schleifpapier: zuerst mit 80er und danach mit 120er Körnung, bis sie schön glatt sind.

5 Die Platten sind noch immer miteinander verbunden. Legen Sie den Zollstock an das kleine Nagelloch des Stangenzirkels an und zeichnen Sie eine Linie durch die Mitte der Kreisplatte. Nun vierteln Sie die Platte mit Hilfe eines Winkelmessers oder Geodreiecks – legen Sie das Dreieck so an die Bleistiftlinie an, dass Sie eine Linie im rechten Winkel ausgehend vom Nagelloch ziehen können. Drehen Sie dann das Dreieck herum und wiederholen Sie den Vorgang auf der anderen Seite der Bleistiftlinie.

6 Verlängern Sie die Bleistiftlinien bis zum Kreisrand und ziehen Sie sie dann über die Seitenränder bis auf die zweite Platte, um vier Referenzpunkte zu erhalten. Verbinden Sie diese Punkte mit dem Zollstock, um auch den zweiten Kreis zu vierteln.

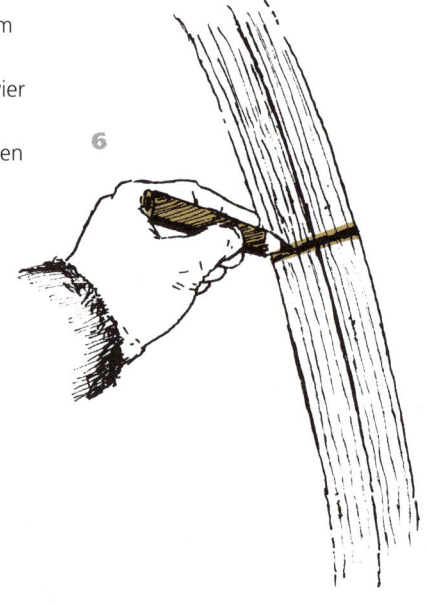

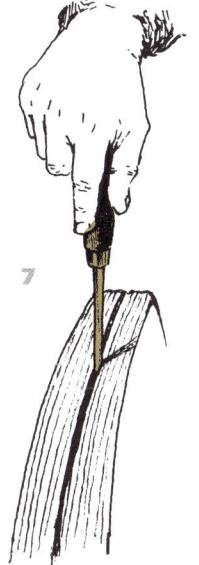

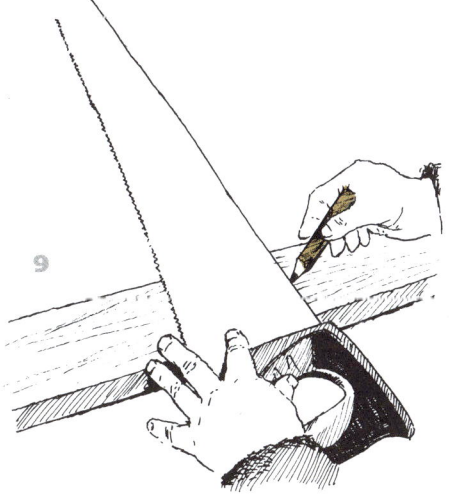

7 Wenn Sie beide Kreisplatten markiert haben, können Sie sie mit einem Flachkopf-Schraubendreher wieder auseinanderhebeln. Entfernen Sie dann die Nägel mit dem Klauenhammer.

8 Um die Beine auf Länge zu sägen, messen und markieren Sie die gewünschte Länge mit Bandmaß und Bleistift. Schneiden Sie die Beine mit dem Fuchsschwanz entlang der Markierungen zu.

9 Nun können Sie die Verbindungspunkte an den Beinen markieren. Die Tiefe der Ausschnitte sollte dabei bis knapp zur Mitte der Beine reichen. Die von mir verwendeten Beine sind 7,5 cm dick und die Verbindungen 3 cm tief. Für die Tischplattenverbindung messen Sie die Tischplattendicke ausgehend von der Beinoberkante nach unten (bei mir 2 cm). Markieren Sie die Position und die Tiefe der Verbindung mit Bleistift und wiederholen Sie diesen Schritt mit den anderen Tischbeinen.

10 Markieren Sie dann die Verbindungen für die Ablage. Ich habe diese im Abstand von 12 cm von der Unterkante der Beine angebracht, Sie können die Position jedoch beliebig variieren. Verwenden Sie als Richtwerte für die Höhe wieder die Ablagedicke (bei mir 2 cm) und für die Tiefe knapp die Hälfte der Dicke der Beine (bei mir 3 cm). Wiederholen Sie dies mit den restlichen drei Tischbeinen.

11 Arbeiten Sie der Reihe nach mit jeweils einem Tischbein (beginnend mit den Tischplattenverbindungen). Fixieren Sie das Bein mit dem Schraubstock oder einer Schraubzwinge an der Werkbank. Schneiden Sie mit dem Fuchsschwanz entlang der Bleistiftmarkierungen die Verbindungen aus. Positionieren Sie das jeweilige Bein nach dem ersten Schnitt neu, um das Sägen zu erleichtern.

TIPPS

• **SCHRITT 10**

Messen und markieren Sie ein Tischbein und verwenden Sie es dann als Vorlage für die anderen Beine. So werden alle Verbindungen einheitlich ausfallen und Sie sparen sich überflüssige Messarbeit. Schraffieren Sie die Abschnitte, die weggesägt werden sollen, mit Bleistift – Sie kommen so beim Sägen flotter voran und vermeiden Fehler.

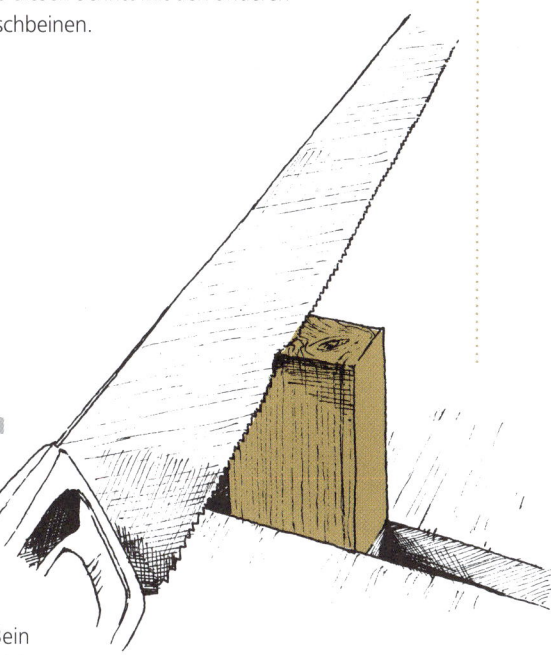

Fortsetzung

TIPP

Damit die Schrauben
besser passen, ist es
immer empfehlenswert,
die Löcher erst vorzu-
bohren. So lassen sich
die Schrauben leichter
gerade hineindrehen.

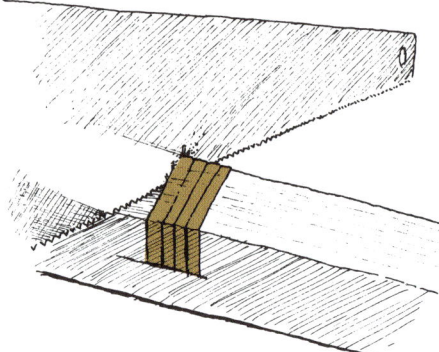

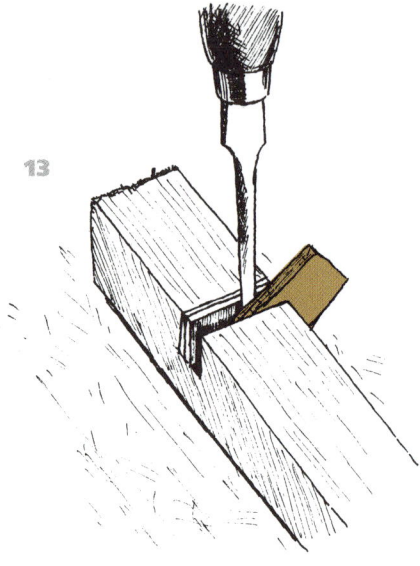

12 Für die Ablageverbindungen
schneiden Sie in jedes Tischbein eine Nut.
Fixieren Sie dafür ein Bein mit Schraubstock oder Schraubzwinge und sägen
Sie entlang der Bleistiftmarkierungen.
Dann setzten Sie zwischen den Schnitten
in engem Abstand zusätzliche Schnitte
mit gleicher Tiefe. Wiederhole Sie dies
mit allen Tischbeinen.

13 Nun können Sie die Holzstreifen
zwischen den Nutbegrenzungen mit
Hilfe eines Stechbeitels oder Flachkopf-
Schraubendrehers durch leichtes
Drehen herausbrechen. Bearbeiten Sie
dann die Unterkante der Nut mit einer
Holzraspel, bis sie glatt ist.

14 Zusätzlich zum Holzleim sollten Sie
die Verbindungen mit Holzschrauben
stabilisieren. Die Ablageschraube bringen
Sie durch die Vorderseite des Beines auf
Höhe der Verbindung an. Fixieren Sie
zunächst das Bein und bohren Sie das
Loch mit dem 4mm-Bohrer vor.

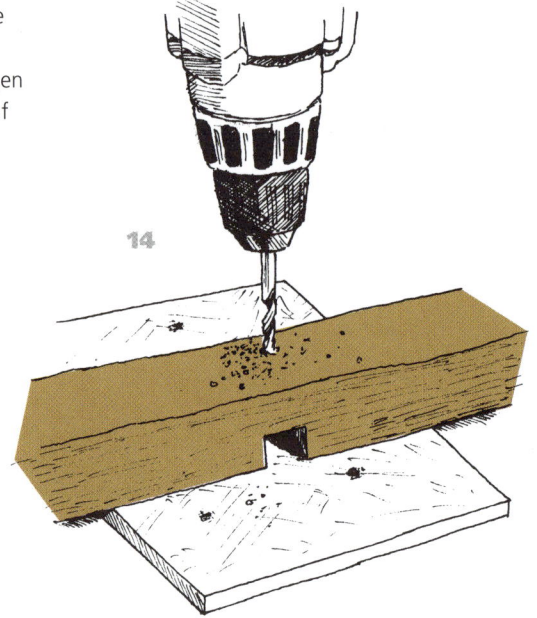

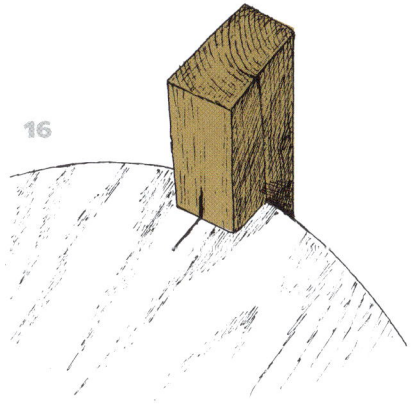

15 Die Schraube für die Tischplatten-
verbindung wird durch die Tischplatte gedreht.
Markieren Sie dafür einen Punkt auf der
Bleistiftlinie, die den Tisch viertelt – so stellen
Sie sicher, dass die Schraube genau in der
Mitte der Verbindung positioniert wird.
Bohren Sie das Loch mit dem 4mm-Bohrer vor.
Meine Tischbeine haben 3 cm tiefe Nuten,
die Schraubenlöcher befinden sich also
jeweils im Abstand von 1,5 cm vom Tisch-
plattenrand.

16 Testen Sie nun, ob alle Verbindungen
gut passen und nehmen Sie gegebenenfalls nötige Veränderungen vor.
Dann kommt der Holzleim zum Einsatz.
Beginnen Sie mit den Ablageverbindungen
und tragen Sie Leim auf einem Bein
entlang der drei Verbindungsseiten auf.
Bringen Sie das Bein dann an der Bleistiftlinie, die den Tisch viertelt, in Position und
schrauben Sie es mit einer Holzschraube
fest. Wiederholen Sie diesen Vorgang mit
den anderen drei Tischbeinen.

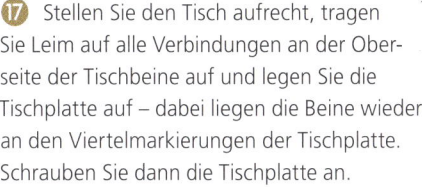

17 Stellen Sie den Tisch aufrecht, tragen
Sie Leim auf alle Verbindungen an der Ober-
seite der Tischbeine auf und legen Sie die
Tischplatte auf – dabei liegen die Beine wieder
an den Viertelmarkierungen der Tischplatte.
Schrauben Sie dann die Tischplatte an.

18 Lassen Sie den Holzleim vollständig
trocknen und schleifen Sie dann den Tisch
mit Sandpapier (120er Körnung) ab.

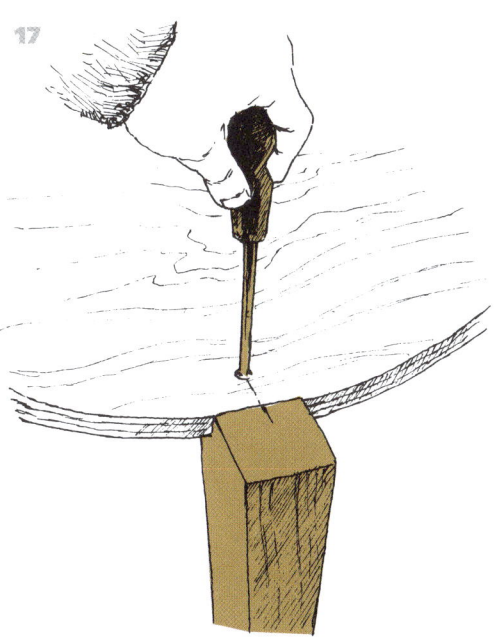

TIPPS

- **SCHRITT 16**

Bevor Sie die Teile eines
Projektes zusammen-
bauen oder Holzleim
auftragen, sollten Sie
immer testen, ob alles gut
passt: Die Ablage sollte
sich beispielsweise leicht
in die Nuten schieben
lassen. Sollten diese zu
eng sein, können sie mit
einer Holzraspel oder
Sandpapier mit 80er
Körnung nach-
bearbeitet werden.

Zum gleichmäßigen
Auftragen des Holzleims
eignet sich ein kleiner,
flacher Holzspatel
besonders gut.

- **SCHRITT 17**

Nachdem Sie den Tisch
zusammengebaut haben,
sollten Sie ihn zum Trocknen des Holzleimes auf
einen glatten, ebenen
Untergrund stellen. Wenn
der Tisch gerade steht,
während der Leim trock-
net, wird er später weniger
kippelanfällig sein.

- **SCHRITT 18**

Wenn Sie eine durch-
sichtige Lasur auf den
fertigen Tisch auftragen
möchten, sollten Sie
vorher die Bleistift-
markierungen auf Tisch-
platte und Ablage mit
Sandpapier abschleifen.
Eine deckende Farbschicht
sollte dagegen alle Ihre
Arbeitsmarkierungen
verbergen.

(A) *Die Tischplatte liegt in dem Falz, der in die Tischbeine gesägt wurde.*

(B) *Achten Sie darauf, dass Tischplatte und obere Tischbeinkanten bündig abschließen.*

(C) *Die Schrauben können sichtbar bleiben oder verdeckt werden. Für letztere Option können Sie den oberen Teil der vorgebohrten Löcher vergrößern und die Schraubenköpfe darin verschwinden lassen.*

(D) *Die Breite der Nut orientiert sich an der Dicke der Ablage.*

Der fertige Rundtisch mit Ablage.

VOGELHAUS-FUTTER-STATION

Ein Projekt, von dem heimische Tierarten im Garten profitieren, ist immer besonders lohnenswert. Der Bau dieses Vogelhauses ist dazu eine Freude für Heimwerker. Das Haus hat keine Rückwand, ist also leicht zu befüllen und zu reinigen. Damit Nüsse, Samen und Körner nicht herausfallen, sollten Sie die Futterstation an einer Wand anbringen. Nachdem Sie die erste Futterstation in der hier beschriebenen, einfachen Hausform gebaut haben, können Sie beim nächsten Projekt Ihrer Kreativität freien Lauf lassen – vielleicht bauen Sie sogar Ihr eigenes Haus als Futterstation-Variante nach.

BENÖTIGTE WERKZEUGE

Bandmaß und Bleistift

Schraubzwinge

Fuchsschwanz

Handbohrmaschine mit
6-mm- und 10-mm-Bohrer

Hand-Stichsäge

Klauenhammer

Holzraspel

NÜTZLICHE HELFER

Stichsäge

Akku-Bohrschrauber

ZUBEHÖR

Nägel

Holzleim

Bindfaden

ZUSCHNITTLISTE

1 Brett,
1 x 40 × 91 cm
(für die Vorderseite)

1 Brett,
1 x 7,5 × 69 cm
(für Seiten, Ablagen
und Dach)

Leisten,
6 mm × 2 cm × 94 cm
(für die Verkleidung)

TIPP

• SCHRITT 2

Wenn Sie sich zutrauen,
auch kleinflächige Zuschnitt-
arbeiten mit einer Stichsäge
vorzunehmen, werden Sie
sehr viel schneller voran-
kommen. Achten Sie auf
Finger und Kabel und
tragen Sie zur Sicherheit
eine Schutzbrille und Staubmaske.

MATERIALAUSWAHL

Dieses Projekt eignet sich besonders für Anfänger, denn Sie benötigen dafür nicht mehr als ein paar Holzreste und können die Futterstation innerhalb weniger Stunden zusammenbauen. Für die Vorderseite können Sie Sperrholz oder solide Bretter verwenden. Ich habe eine Packkiste recycelt: Das 1 cm dicke Holz ist stabil genug, aber gleichzeitig leicht und damit ideal zum Anbringen an einer Wand geeignet. Als Abmessungen für das Vorderteil habe ich 40 × 91 cm verwendet, dies ist jedoch nur ein Vorschlag, der beliebig variiert werden kann. Meine Tür misst 8 × 12 cm und meine Fenster 7 × 12 cm. Die Verkleidungsstücke werden aus einfachen Holzleisten gefertigt und können farbig gestaltet werden. Sie können nach Belieben zusätzliche Verkleidung um die Tür und an den Seiten anbringen oder auch die Leisten ganz weglassen. Die Futterstation lässt sich mit einem dicken Bindfaden gut aufhängen. Je nach Witterungseinflüssen sollten Sie den Faden regelmäßig überprüfen und gegebenenfalls erneuern.

Wenn Sie möchten, können Sie dieses Projekt auch als kleines Innenregal umsetzen und Miniatur-Blumentöpfe in die Fenster stellen. Fertigen Sie in diesem Fall etwas größere Fenster und vertiefen Sie die Innenregale, damit die Töpfe sicher stehen.

Arbeitsschritte

❶ Folgen Sie dem Design auf dem Foto und den in der Zuschnittliste aufgeführten Abmessungen und zeichnen Sie mit Bandmaß und Bleistift die Hausform (Vorderseite) inklusive Tür und Fenster auf das Holz. Fixieren Sie das Brett mit einer Schraubzwinge und schneiden Sie die Hauskontur mit dem Fuchsschwanz aus.

❷ Bohren Sie mit dem 10mm-Bohrer jeweils ein Loch in die Mitte der Fenster und der Tür. Führen Sie dann das Sägeblatt der Hand-Stichsäge in das Loch ein und schneiden Sie zuerst nach außen bis zur Bleistiftlinie und dann entlang der Linie Tür und Fenster aus.

KONSTRUKTIONSPLAN

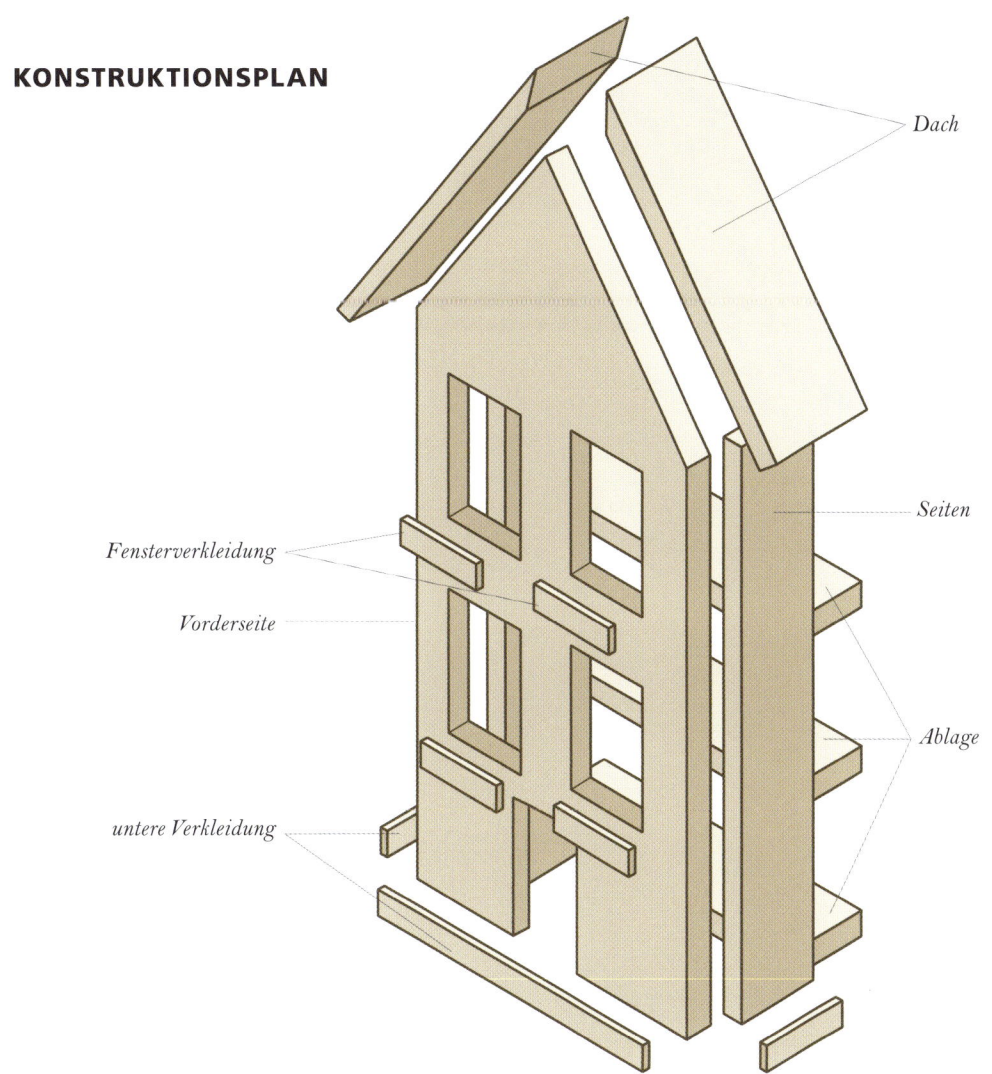

Dach

Seiten

Fensterverkleidung

Vorderseite

Ablage

untere Verkleidung

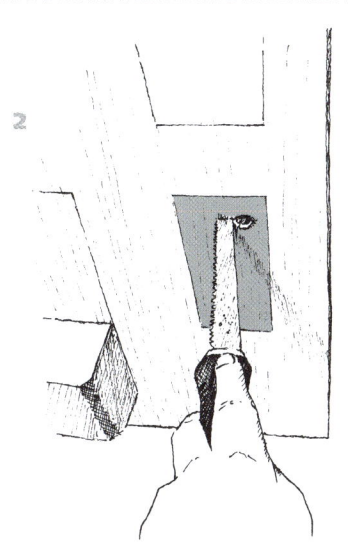

③ Schneiden Sie nun Seiten und Ablagen zu. Die Materialbreite sollte einheitlich 7,5 cm betragen. Messen Sie die Bretter für die Seiten und die untere Ablage aus, markieren Sie die Längen und schneiden Sie sie mit dem Fuchsschwanz zu.

Fortsetzung

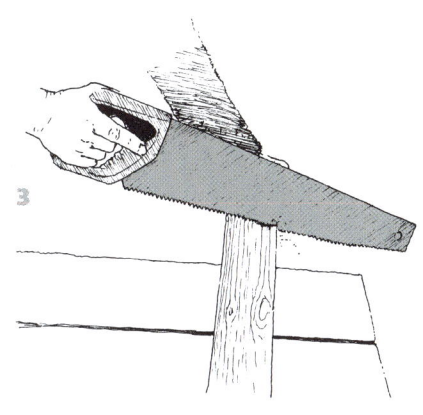

TIPPS

● SCHRITT 4

Wenn Sie die Nagelköpfe
verstecken möchten, legen
Sie einen zweiten, größeren
Nagel mit der Spitze auf
den Nagelkopf auf und
schlagen Sie mit dem
Hammer einmal kräftig
zu. So verschwindet der
kleinere Nagel unter der
Holzoberfläche und lässt
ein kleines Loch zurück,
dass Sie füllen und an-
schließend bündig mit der
Holzoberfläche schleifen
können.

● SCHRITT 7

Sie können die Dachbretter
an der oberen Spitze auch
einfach auf Stoß aneinander-
legen. Der Dachwinkel
der Hausvorderseite muss
dann allerdings genau
90 Grad betragen.

● SCHRITT 10

Sie können die Futter-
station in freundlichen
Farben streichen (für die
Verkleidung bietet sich
eine Kontrastfarbe an)
oder die Holzoberfläche
mit durchsichtiger Lasur
behandeln. Wenn die
Vögel die Station einmal
angenommen haben, wird
diese garantiert zum
Blickfänger – egal, welche
Optik Sie gewählt haben.

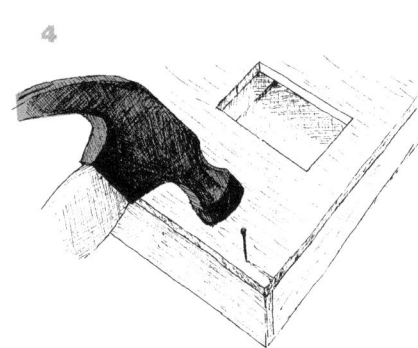

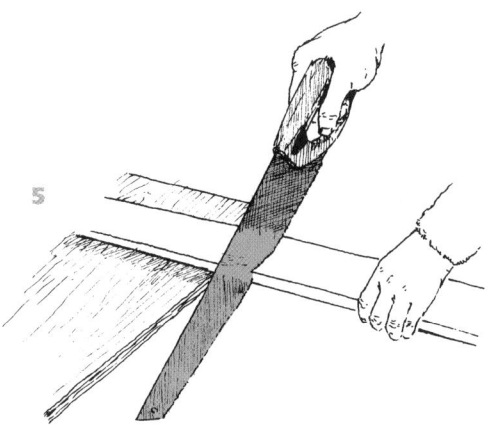

④ Bringen Sie die Seiten und die
untere Ablage mit Holzleim und Nägeln
an. Treiben Sie dabei die Nägel durch die
Vorderseite in die darunterliegenden
Brettkanten. An den unteren Ecken (wo
Seitenteile und Ablagekanten aneinander
liegen) treiben Sie jeweils zwei Nägel
durch die Brettvorderseite in die Kanten
des anderen Brettes.

⑤ Die restlichen Ablagen werden
nahe der Unterkanten der Fenster
angebracht. Messen Sie die Bretter aus,
markieren Sie die gewünschte Länge
und schneiden Sie sie mit dem Fuchsschwanz zu.

⑥ Tupfen Sie Holz-
leim auf die Enden der
Ablagen, bringen Sie sie
in Position und nageln Sie
sie fest. Treiben Sie die
Nägel dabei von den
Seitenwänden des Hauses
in die Ablagekanten.
Um die Nägel sicher zu
positionieren, können Sie
mit Bleistift den Verlauf
der Ablagen um die
Seiten und auf die Front
verlängern. Die Linien
radieren Sie später
einfach aus.

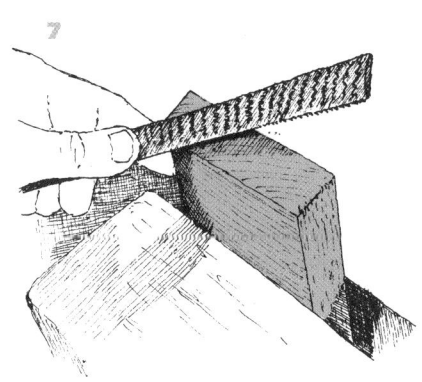

❼ Für die Dachlatten des Hauses sägen Sie zwei Längen der 7,5-cm-Bretter zu. Orientieren Sie sich an der Länge der Dachkanten am Haus und addieren Sie ein paar Zentimeter als Überhang dazu. Fertigen Sie die Dachspitze, indem Sie die Bretter mit einer Holzraspel so abwinkeln, dass sie zusammenpassen.

❽ Nachdem Sie die Dachlatten mit dem Fuchsschwanz auf Länge geschnitten und an der Spitze abgeschrägt haben, fixieren Sie das Dach mit Holzleim und Nägeln. Nageln Sie dabei von oben durch die Dachlatten in die Kanten der Hausvorderseite.

❾ Schneiden Sie 6 mm × 2 cm Leisten mit dem Fuchsschwanz für die Verkleidung der Fenster und der Unterkante des Hauses zu. Sie können die Kanten gerade schneiden oder für eine interessante Optik abwinkeln. Die Leisten bringen Sie dann einfach mit Holzleim oder Nägeln an.

❿ Um das Häuschen aufhängen zu können, bohren Sie jeweils ein 6mm-Loch im Abstand von etwa 1 cm von der Oberkante in die Seiten. Fädeln Sie ein Stück Bindfaden durch die Löcher und verknoten Sie den Faden an jeder Seite. Nun können Sie die Futterstation an einem Haken oder Nagel aufhängen.

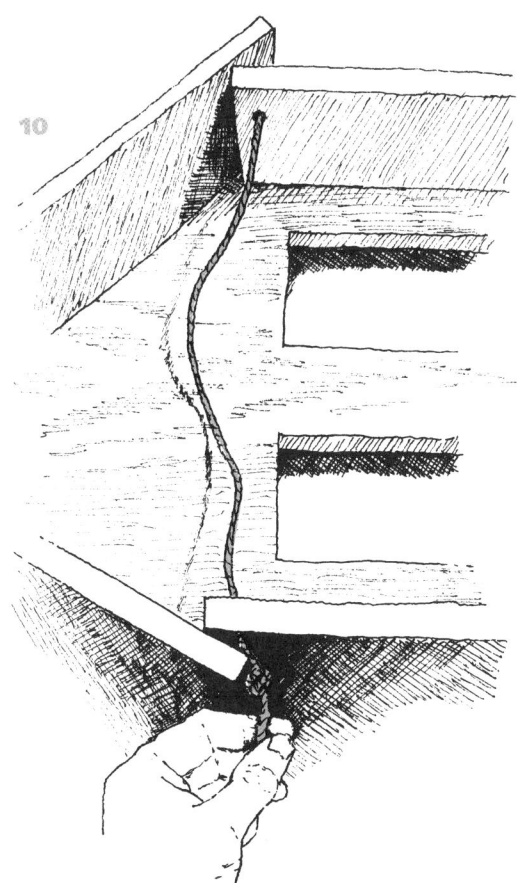

*Die fertige Vogelhaus-
Futterstation.*

(A) *Das Dach ist entlang
der Oberkante der Vorderseite
festgenagelt.*

(B) *Die Ablagen in Tür-
und Fensterform sind für
das Vogelfutter bestimmt.*

(C) *Das Dach wirkt besonders
schön, wenn es über Front
und Seiten der Futterstation
hinausragt.*

(D) *Der Bindfadenknoten
ist unter der Stelle versteckt,
wo das Dach über die Seiten
hinausragt.*

(E) *Achten Sie beim Anbringen
der Verkleidung darauf,
dass deren Oberkante bündig
mit der Fensterunterseite
abschließt.*

BORDEAUX-
BIENENHAUS

Die Hobby-Bienenzucht ist in den letzten Jahren immer beliebter geworden und nicht mehr nur auf den ländlichen Bereich beschränkt – mittlerweile sind Imker auch in größeren Städten ansässig. Ein eigenes Bienenvolk zu hegen ist ein schönes Hobby – und dazu können Sie selbstgemachten Honig genießen und sich mit anderen Imkern austauschen. Wer einmal damit anfängt, wird bald feststellen, dass aus einem Bienenvolk schnell zwei oder drei werden, wenn auch Freunde und Bekannte beginnen, sich für Ihren Honig zu interessieren. Hier kommt das nächste Projekt wie gerufen: Während ein herkömmlicher Bienenstock mit seinen Unterteilungen, Isolationsschichten und Belüftungslöchern schwierig zu bauen ist, kann dieses Bienenhaus (auch Bienenbeute genannt) einfacher hergestellt werden und ist eine gute Grundlage für den Einstieg in die Imkerei. Die Beute ist dafür gedacht, ein kleines Volk für einige Monate zu beherbergen. Sie können das Bienenhaus jedoch auch als Transportmöglichkeit oder Schwarmbox verwenden.

BENÖTIGTE WERKZEUGE

Bandmaß und Bleistift

Klauenhammer

Fuchsschwanz

Schraubzwinge

Flachkopf-
Schraubendreher

Holzraspel

Kneifzange

Handbohrmaschine
mit 4-mm- und 10-mm-
Bohrer

NÜTZLICHE HELFER

Akku-Bohrschrauber

ZUBEHÖR

Nägel

Holzleim

ZUSCHNITTLISTE

2 hölzerne Weinkisten
(für Korpus, Dach,
Seitenverlängerungen
und Deckelseiten)

10 Dübel,
4 cm lang, Ø 4 mm
(zum Anbringen der Seitenverlängerungen)

2 Bretter,
1 × 2 × 35 cm
(für die langen Leisten)

8 Bretter,
1 × 2 × 6 cm
(für die kurzen Leisten)

MATERIALAUSWAHL

Erfahrungsgemäß sind die beiden Weinkisten der am schwierigsten zu beschaffende Part dieses Projektes. Wenn Sie keine so große Menge Wein kaufen möchten, können Sie bei einem Weinhändler oder Winzer anfragen, ob Kisten übrig sind. Der Korpus besteht aus einer der Weinkisten, während die zweite Kiste das Material für Dach und Verlängerungsstücke liefert. Um die Verlängerungsstücke stabil am Korpus befestigen zu können, benötigen Sie einige Holzdübel. Die meisten Bienenstöcke werden passend für Langstroth-Rähmchen angefertigt, die Sie am besten aus dem Imkerbedarf beziehen. Diese Beute ist für 8 Langstroth-Rähmchen der Größe 48 x 24,3 x 2,9 cm konzipiert, es kann aber auch alternativ eine kleinere Beute für drei bis fünf Rähmchen angefertigt werden. Die Honigproduktion findet an den Rähmchen statt, diese bestimmen also in jedem Fall die Dimensionen der Beute. Eine Weinkiste ist zufälligerweise gerade lang genug, um 48-cm-Rähmchen aufzunehmen. Meiner Erfahrung nach ist jedoch die Tiefe geringer als die 24,3 cm der Rähmchen, die Seitenteile der Kiste müssen also verlängert werden. Sie sollten Ihre Abmessungen auf jeden Fall im Voraus mit den vorhandenen Rähmchen vergleichen.

Nun bleibt also nur noch die Breite der Beute – die wichtigste Abmessung für die Konstruktion ist 10 mm, der Zwischenraum zwischen den Rähmchen sowie Rähmchenseiten und Bienenhaus. 10 mm (eine „Bienenbreite") gibt den Bienen ausreichend Platz, sich zu bewegen, verhindert jedoch, dass sie Waben bauen, die das Herausnehmen eines Rähmchens erschweren würden.

Arbeitsschritte

1 Das Innere des Bienenhauses muss tief genug sein, um ein 24,3 cm hohes Langstroth-Rähmchen so aufzunehmen, dass es bündig mit der Oberseite der Kiste abschließt und zwischen Rähmchen-Unterkante und Boden 10 mm Platz bleibt.

Subtrahieren Sie dieses Maß von der Tiefe Ihrer ersten Weinkiste, um die Breite der Seitenverlängerungen zu erhalten. Falls die beiden Kisten unterschiedlich groß sind, sollten Sie die kleinere als Korpus verwenden.

KONSTRUKTIONSPLAN

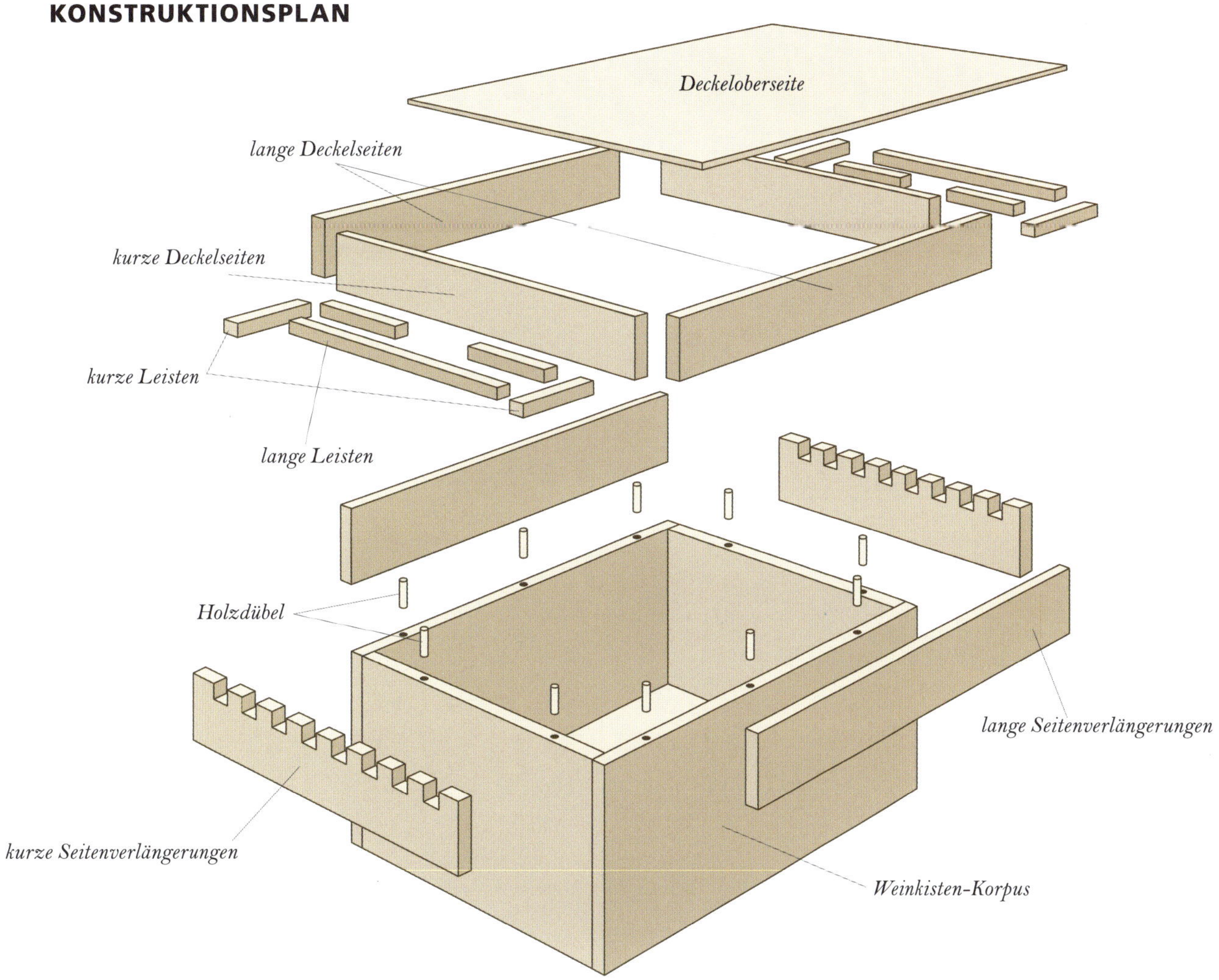

Deckeloberseite

lange Deckelseiten

kurze Deckelseiten

kurze Leisten

lange Leisten

Holzdübel

kurze Seitenverlängerungen

lange Seitenverlängerungen

Weinkisten-Korpus

2 Nehmen Sie die zweite Weinkiste mit dem Klauenhammer auseinander. Markieren Sie dann mit Bandmaß und Bleistift die Breite der vier Seitenverlängerungen und schneiden Sie das Holz mit dem Fuchsschwanz zu. Legen Sie dafür zwei Bretter an eine lange Seite der ersten Kiste an, markieren Sie mit Bleistift die Länge und verwenden Sie das Winkelmaß am Fuchsschwanz, um senkrechte Enden anzuzeichnen, die Sie dann auf Länge sägen. Für die kurzen Seitenteile ermitteln Sie den Abstand der langen Seiten des Korpus und schneiden diese ebenfalls auf Länge.

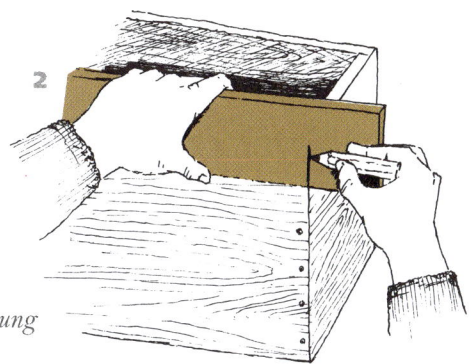

Fortsetzung

TIPPS

- **SCHRITT 3**

  Die Anzahl der Kerben kann je nach Kistengröße variieren, Sie sollten jedoch für drei Rähmchen mindestens drei Kerbenpaare haben.

- **SCHRITT 8**

  Wenn die ursprüngliche Größe der Weinkiste für den Deckel nicht ausreicht, können Sie sie wie die Seiten mit Brettern aus der zweiten Kiste verlängern.

- **SCHRITT 11**

  Ich habe die Oberfläche der Bienenbeute mit einem ungiftigen, wetterbeständigen Lack behandelt.

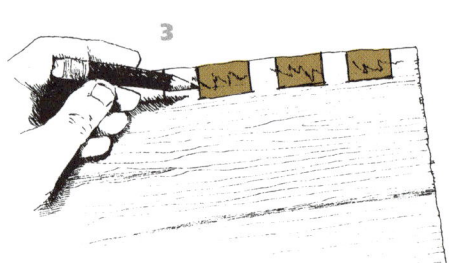

3 Markieren Sie nun die Kerben in den kurzen Seitenteilen (diese dienen als Halterungen für die Rähmchen). Jede Kerbe sollte 2,9 cm breit sein. Der Abstand der Kerben zueinander und zum Rand sollte jeweils 10 mm betragen. Zeichnen Sie die Kerben mit Bleistift an nur einem kurzen Seitenstück an. Ziehen Sie unter den Bleistiftmarkierungen eine Linie auf Höhe der Ohren am Rähmchen (der Überhang der Oberträger) – normalerweise 10 mm. Schraffieren Sie mit Bleistift die herauszuschneidenden Kerben.

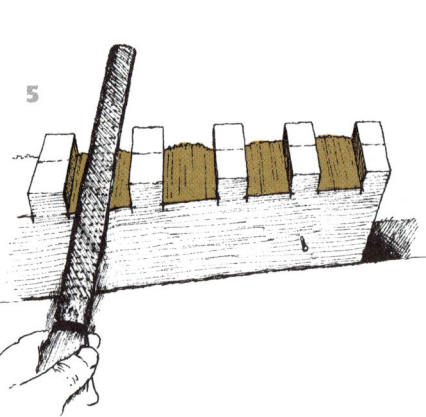

5 Nachdem Sie alle markierten Kerben eingeschnitten haben, verwenden Sie einen Flachkopf-Schraubendreher, um die Holzspalten in den Kerben mit leichtem Drehen herauszulösen. Glätten Sie die Kerben mit der Holzraspel. Arbeiten Sie sich so durch beide Seitenteile.

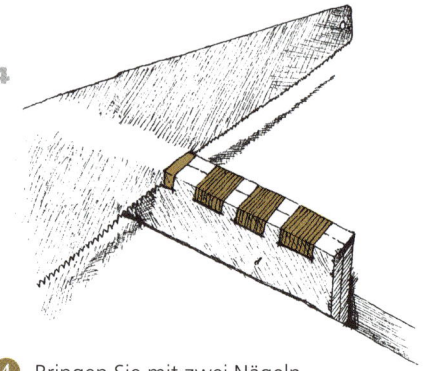

4 Bringen Sie mit zwei Nägeln das markierte Stück am zweiten, unmarkierten Seitenstück an. Fixieren Sie beide Stücke mit einer Schraubzwinge und sägen Sie mit dem Fuchsschwanz zunächst entlang der Seitenlinien. Setzen Sie dann mehrere weitere senkrechte Schnitte zwischen den Seitenlinien.

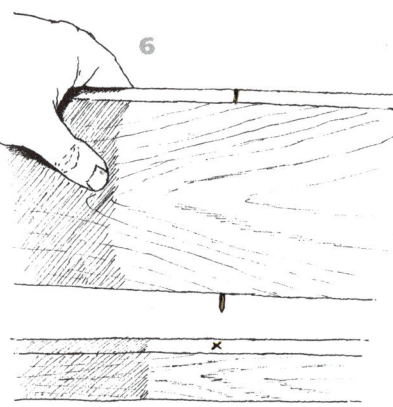

6 Sie benötigen zehn Holzdübel, um die Seitenverlängerungen am Korpus zu befestigen. Um sicherzustellen, dass alle Dübel einheitlich angebracht werden, markieren Sie die Dübelpositionen an den Korpusrändern: drei Dübel im gleichen Abstand entlang der langen Seite und zwei entlang der kurzen. Schlagen Sie jeweils einen Nagel ein Stück in die Markierung hinein und entfernen Sie mit der Kneifzange die Nagelköpfe. Legen Sie nun nacheinander die Seitenteile an die entsprechende Korpusseite und schlagen Sie sie kurz mit dem Hammer an. Durch die Nägel haben Sie nun kleine Löcher als Anhaltspunkte für die Bohrlöcher. Entfernen Sie die Nägel mit der Kneifzange – nun haben Sie auf beiden Seiten einheitliche Löcher.

7 Bohren Sie mit dem 4mm-Bohrer Löcher für die Dübel gleicher Größe. Tragen Sie auf eine Dübelseite etwas Holzleim auf, stecken Sie die Dübel in die Löcher und bringen Sie die Seitenverlängerungen an.

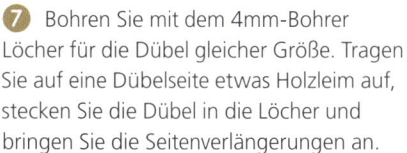

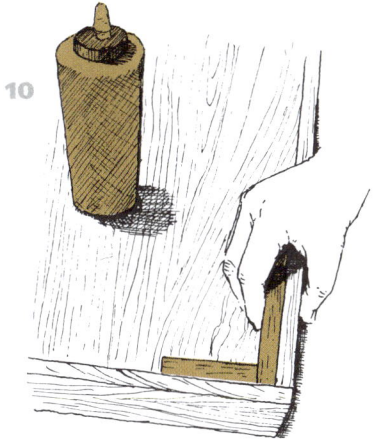

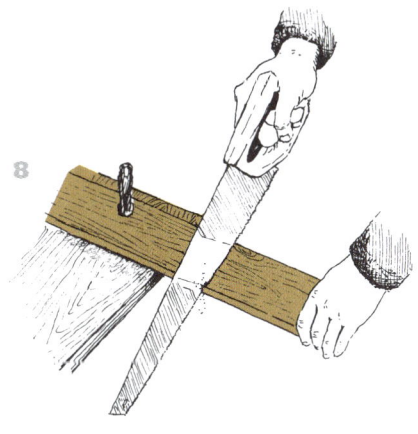

8 Die Bienen brauchen ein Belüftungssystem, welches durch die Konstruktion des Deckels entsteht. Die Seiten des Deckels hängen an den Korpusseiten über. Der Deckel sitzt dazu auf Leisten, so dass ein 10mm Zwischenraum um das Bienenhaus entsteht. Um den Deckel herzustellen, kürzen Sie den Boden der zweiten Weinkiste mit dem Fuchsschwanz, so dass das Stück 2 cm länger und breiter als das Bienenhaus ist.

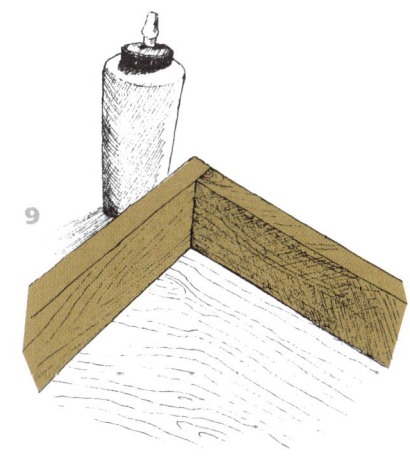

9 Für die Deckelseiten sägen Sie mit dem Fuchsschwanz zwei 5,5 cm breite Bretter aus der zweiten Weinkiste zu. Die Länge ist gleich der Länge des Deckels. Bringen Sie die Deckelseiten mit Holzleim und Nägeln am Deckel an. Schneiden Sie dann zwei weitere 5,5 cm Bretter so auf Länge, dass sie zwischen die beiden langen Deckelseiten passen. Bringen Sie die kurzen Deckelseiten ebenfalls mit Leim und Nägeln an und verstärken Sie die Ecken mit zusätzlichen Nägeln.

10 Drehen Sie den Deckel auf den Kopf. Schneiden Sie zwei 1 × 2 × 35 cm Holzleisten (lange Leisten) in der Länge der kurzen Deckelinnenseiten zu. Bringen Sie die Leisten mit Holzleim zwischen Deckel und kurzen Seiten an. Schneiden Sie dann acht 1 x 2 x 6 cm Leisten (kurze Leisten) zu und leimen Sie jeweils zwei davon in die Deckelecken, so dass Sie bündig mit der Kante abschließen und an den Enden aneinander liegen. Die Leisten sorgen dafür, dass das Bienenhaus durch einen kleinen Schlitz belüftet wird.

11 Bevor Sie die Rähmchen anbringen und den Deckel aufsetzen, müssen Sie noch ein Einflugloch für die Bienen bauen. Bohren Sie in die Mitte einer der kurzen Seitenteile kurz über dem Boden mit dem 10-mm-Bohrer drei Löcher nebeneinander. Bewegen Sie den Bohrer zwischen den Löchern hin und her, so dass ein durchgängiger Schlitz entsteht.

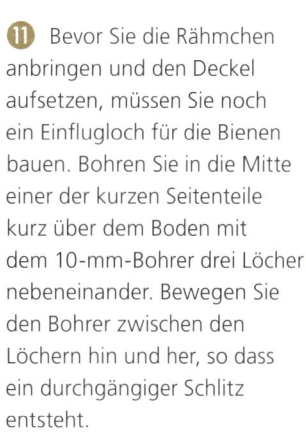

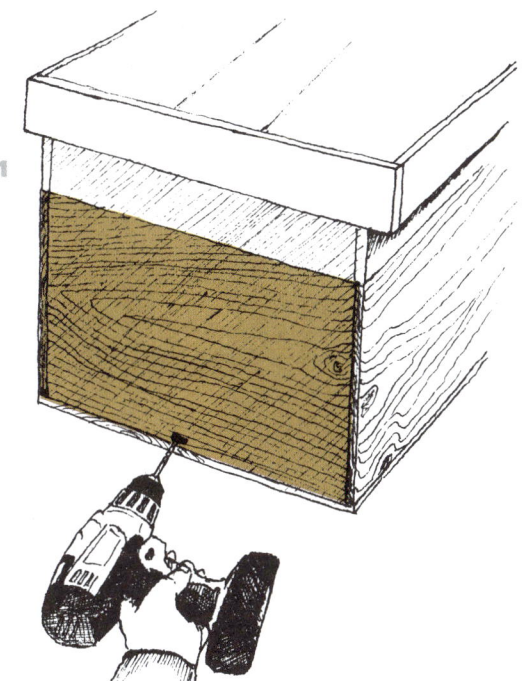

*Das fertige
Bordeaux-Bienenhaus.*

(A) *Das Ohr des Langstroth-Rahmens sitzt zwischen den Zähnen der Seitenverlängerungen.*

(B) *Die Seitenverlängerungen sitzen bündig auf den Korpusseiten.*

(C) *Die Leisten sorgen für einen Belüftungsschlitz um den Deckel.*

(D) *Die Kistengröße bestimmt die Anzahl der Rähmchen.*

(E) *Ein Schlitz über der Kistenunterkante dient als Einflugloch für die Bienen.*

GRAND VIN DE LÉOVILLE
DU MARQUIS
DE LAS CASES
ST JULIEN, MÉDOC
12.Blles.

BRETTER–BANK

Die Shaker – Anhänger einer protestantischen Freikirche in den USA – sind für den Bau ihrer Holzmöbel bekannt, die sich besonders durch eine klare Linienführung und den Verzicht auf Verzierungen auszeichnen. Die natürliche Schönheit des Holzes kommt in den praktischen Konstruktionen besonders zur Geltung. Die meisterhaft geschreinerten, klassischen Möbelstücke der Shaker waren die Inspiration für diese Bretter-Bank. Das Möbelstück ist praktisch und leicht herzustellen. Sie können eine kleinere Bank mit zwei Beinpaaren anfertigen oder die Abmessungen vergrößern und zusätzliche Beine anbringen. Die Bank ist die perfekte Ergänzung zum X-Bein Esstisch auf Seite 113.

BENÖTIGTE WERKZEUGE

Bandmaß und Bleistift

Fuchsschwanz

Zollstock

Schraubzwinge

Handbohrmaschine
mit 3-cm-Flachfräsbohrer
und 4-mm-Bohrer

Sandpapier
(120er Körnung) und
Schleifblock

Schraubendreher

Klauenhammer

NÜTZLICHE HELFER

Akku-Bohrschrauber

Stichsäge

ZUBEHÖR

Holzschrauben

Nägel

ZUSCHNITTLISTE

3 Bretter,
3 × 23 × 43,8 cm
(für die Beine)

2 Bretter,
2 × 9 × 91 cm
(für die Querbalken)

7 Bretter,
2 × 12 × 31 cm
(für die Sitzbretter)

TIPP

• Für eine besonders
individuelle Optik können
Sie verschiedene Bretter
sammeln: unterschiedliche
Oberflächenbehandlungen
und verschiedene Holz-
farben können beliebig
kombiniert werden.

MATERIALAUSWAHL

Für dieses Projekt benötigen Sie nur wenig Material – die Bank lässt sich sehr gut aus Brettern anfertigen, die bei anderen Arbeiten übrig geblieben sind. Legen Sie zunächst Höhe, Tiefe und Länge der Bank fest, indem Sie sich überlegen, wo das Möbelstück platziert werden soll. Eine gute Sitzhöhe sind etwa 46 cm und eine komfortable Sitztiefe ungefähr 31 cm. Die hier gezeigte Bank hat drei Beinpaare und eine Länge von 92 cm. Um sicherzustellen, dass Ihre Bank stabil genug ist, sollten aller 46 cm ein Paar Beine angebracht werden – das Holz für die Beine sollte dabei mindestens 3 cm dick sein. Ich habe die Beine aus einer alten Eichenschranktür gefertigt. Um die Beinhöhe zu ermitteln, subtrahieren Sie die Dicke der Sitzbretter von der gewünschten Gesamthöhe der Bank. Subtrahieren Sie außerdem die Breite jeder der beiden Querbalken von der Breite der Beine. Wenn Sie wie ich einen Überhang gestalten möchten (die Sitzbretter ragen etwas über Beine und Querbalken hinaus), subtrahieren Sie auch dieses Maß von der Breite der Beine.

Die beiden Querbalken verbinden die Beinpaare und verleihen der Bank Stabilität. Sie müssen nicht besonders dick sein – etwa 2 cm sind ausreichend. Die Breite sollte etwa 9 cm betragen und die Zuschnittlänge beträgt die Gesamtlänge der Bank minus 4 cm.

Bei der Auswahl der Sitzbretter können Sie sich am Angebot orientieren – auffällige Maserungen lassen die fertige Bank besonders interessant wirken. Alternativ kann die Bank auch in einer fröhlichen Farbe gestrichen werden – in diesem Fall können beliebige Bretter verwendet werden. Um eine stabile Sitzfläche zu erhalten, sollten Sie jedoch ungeachtet der Optik eine Dicke von mindestens 2 cm wählen.

Arbeitsschritte

① Verwenden Sie Bandmaß und Bleistift, um die Länge der Beine zu ermitteln und auf den Brettern zu markieren. Subtrahieren Sie die Dicke der Sitzfläche von der Gesamthöhe der Bank und die Breite von Querbalken und Überhang von der Banktiefe. Meine Maße sind wie folgt – Bankhöhe: 46 cm, Banktiefe: 31 cm; Beinhöhe: 43,8 cm, Beinbreite: 23 cm. Schneiden Sie die Beine mit dem Fuchsschwanz zu.

KONSTRUKTIONSPLAN

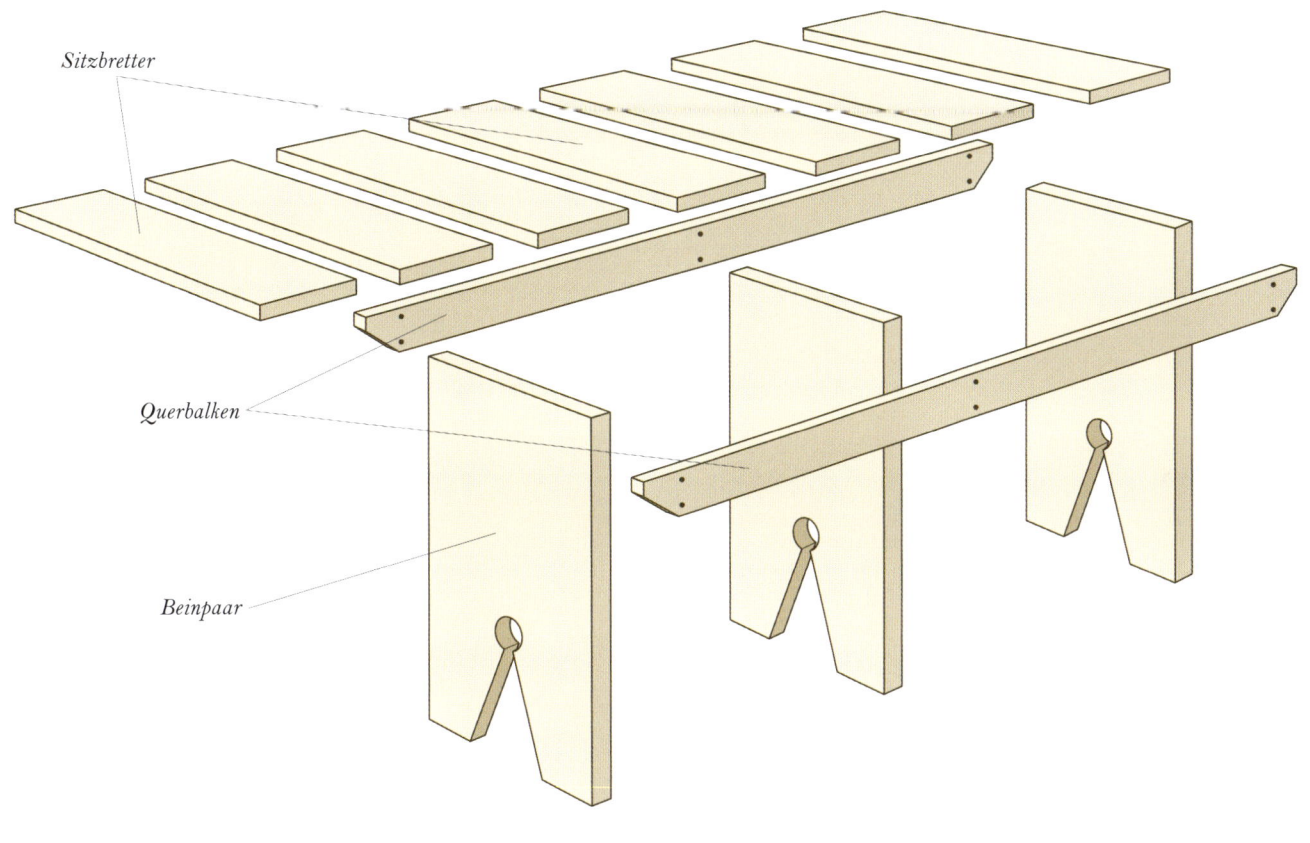

Sitzbretter

Querbalken

Beinpaar

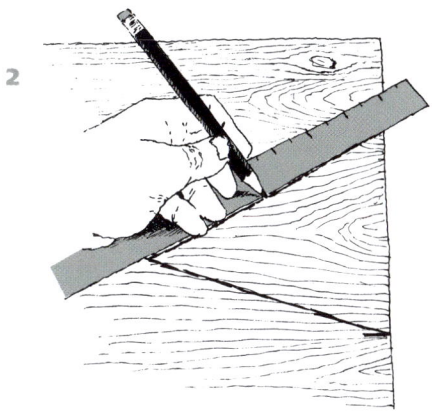

② Messen Sie an einem Beinpaar jeweils 7,5 cm von den unteren Ecken aus entlang der Unterkante und markieren Sie die beiden Stellen mit Bleistift. Messen Sie dann von der Mitte der Unterkante aus 15 cm nach oben und markieren Sie diese Stelle ebenfalls. Verbinden Sie die drei Punkte mit dem Zollstock, so dass ein Dreieck entsteht. Wiederholen Sie diese Schritte mit allen Beinpaaren.

2

Fortsetzung

TIPPS

- **SCHRITT 3**

  Fixieren Sie das Werk-
  stück vor dem Bohren
  wenn möglich vor einem
  Stück Restholz an einer
  festen Oberfläche. So
  verhindern Sie, dass das
  Holz auf der Rückseite des
  Werkstücks herausbricht.
  Tragen Sie beim Bohren
  immer eine Schutzbrille.

- **SCHRITT 4**

  Die Dreiecke lassen sich
  einfacher und schneller
  mit einer Stichsäge
  herausschneiden.

3 Stecken Sie einen 3-cm-Flachfräs-
bohrer in das Bohrfutter Ihrer Hand- oder
elektrischen Bohrmaschine. Richten Sie
die Bohrerkante an der Dreiecksspitze aus
und bohren Sie ein Loch. Wiederholen Sie
dies an jeder Dreiecksspitze und achten
Sie dabei jeweils auf die exakte Bohr-
position an der Dreiecksspitze.

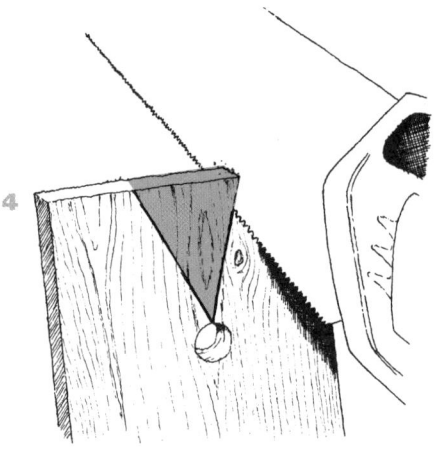

4 Verwenden Sie dann den Fuchsschwanz, um die Dreiecke entlang der
Bleistiftlinien auszusägen. Schleifen Sie
die Beinkanten mit einem Stück Sandpapier (120er Körnung) glatt, so dass
keine scharfen Kanten verbleiben.

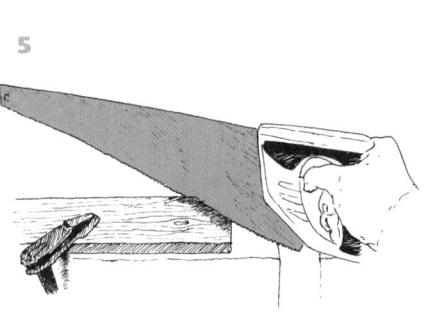

5 Um die Enden der Querbalken abgewinkelt zuzuschneiden, markieren Sie
mit Bleistift zunächst 2 cm entlang des
kurzes Endes und 7,5 cm entlang der
Brettseite, die am weitesten von der
ersten Markierung entfernt ist. Verbinden
Sie beide Punkte und sägen Sie die Ecke
mit dem Fuchsschwanz ab. Wiederholen
Sie diese Schritte an allen Balkenenden
und vergewissern Sie sich vor dem Sägen,
dass alle Winkel in die richtige Richtung
zeigen.

6 Die Querbalken werden nun vorgebohrt,
damit die Beine daran angebracht werden
können. Messen Sie an allen Querbalken
jeweils 2 cm von der Unterseite der eben
gesägten Winkel entlang der Seitenkante
und zeichnen Sie eine Bleistiftlinie senkrecht entlang des Balkens. Nach weiteren
46 cm folgt die Markierung für das mittlere
Beinpaar (wenn Ihr Tisch länger ist, folgen
weitere Linien jeweils im Abstand von
höchstens 46 cm). Bohren Sie mit dem
4-mm-Bohrer zwei Löcher auf jeder Bleistiftlinie vor. Der Abstand zum Rand sollte
jeweils etwa 1 cm betragen

Damit alle Nägel ordentlich platziert werden, zeichnen Sie eine Bleistiftlinie auf dem Sitz an, die dem Querbalkenverlauf folgt. Nach dem Annageln können Sie die Linie ausradieren.

Nachdem Sie eine Lasur oder Holzfarbe aufgetragen haben, können Sie die Bank mit einem Holzlack wetterfest versiegeln.

7 Nun kann die Bank zusammengebaut werden. Suchen Sie sich eine ebene Standfläche und stellen Sie die Beinpaare mit den Dreiecken nach unten auf. Legen Sie einen Querbalken so an den Beinen an, dass er bündig mit deren Oberkanten abschließt. Bringen Sie die vorgebohrten Löcher mit der Mitte der Beinkante auf eine Linie und schrauben Sie die Beine mit 6cm-Holzschrauben fest. Drehen Sie das Werkstück vorsichtig herum und wiederholen Sie den Vorgang mit dem zweiten Querbalken.

8 Der Bankrahmen ist nun komplett – es fehlt nur noch die Sitzfläche. Messen Sie die Tiefe der Bank aus und addieren Sie 4 cm Überhang. Übertragen Sie dieses Maß auf die Bretter und schneiden Sie sie mit dem Fuchsschwanz auf Länge.

9 Legen Sie nun die Sitzbretter mit jeweils 2 cm Überhang an den Seiten auf den Rahmen und nageln Sie sie mit 4,5 cm langen Nägeln an den darunter liegenden Querbalken fest.

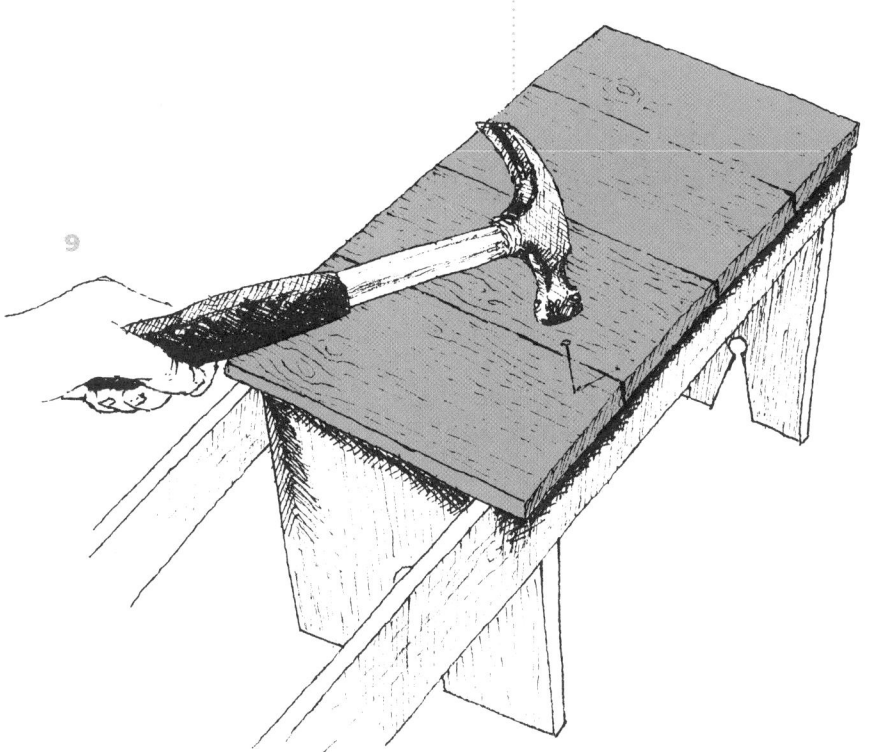

*Die fertige
Bretter-Bank.*

(A) *Angewitterte, ältere
Bretter können genauso
attraktiv sein wie neues Holz.*

(B) *Achten Sie darauf, dass die
Löcher in den Beinen exakt
und einheitlich an den
Dreiecksspitzen platziert
werden.*

(C) *Auffällige Maserungen
lassen die Bank besonders edel
wirken.*

(D) *Prüfen Sie die Optik der
nebeneinanderliegenden
Sitzplatten, bevor Sie diese an
den Querbalken annageln.*

LEITER-
SPROSSEN-
REGAL

Ich musste mich kürzlich mit dem
Gedanken anfreunden, dass meine
geliebte hölzerne Ausziehleiter nicht
mehr verwendet werden konnte.
Die Sprossen knackten und knarrten
unheilvoll, wenn ich sie hinaufkletterte,
aber ich konnte mich trotzdem nicht
von der Leiter trennen. Also entschied ich,
sie als Wandregal umzufunktionieren.
Dieses Projekt bringt Ordnung in den
Garten, die Garage oder die Werkstatt
und kann beliebig variiert werden,
um allerlei Dinge aufzubewahren,
die sonst lose herumliegen würden.

BENÖTIGTE WERKZEUGE

Bandmaß und Bleistift

Schraubendreher

Fuchsschwanz

Sandpapier
(80er und 120er Körnung)
und Schleifblock

Schraubzwinge

Klauenhammer

Handbohrmaschine
mit 6-mm-, 8mm- und
12-mm-Holzbohrer sowie
3-mm-Metallbohrer

NÜTZLICHE HELFER

Akku-Bohrschrauber

Holzraspel und Cuttermesser

Wasserwaage

ZUBEHÖR

Holzleim

Nägel und Holzschrauben

Schraubgläser

ZUSCHNITTLISTE

1 Leiterstück

2 Bretter,
1 × 16 × 22 cm
(für die mittlere Box)

2 Bretter,
1 × 16 × 21 cm
(für die Seiten der
mittleren Box)

4 Bretter,
1 × 11 × 22 cm
(für die schmalen Boxen)

4 Bretter,
1 × 11 × 21 cm
(für die Seiten der
schmalen Boxen)

1 Brett,
1 × 16 × 19 cm
(für die Ablage, optional)

Dübel,
1 cm Ø (für die Stifte)

2 Blöcke,
5 × 5 × 12 cm
(für die Befestigung)

MATERIALAUSWAHL

Für dieses Projekt können Sie eine Auszieh- oder eine Stufenleiter verwenden – wichtig ist, dass sich die Leiter beim Auseinanderbauen in zwei Hälften zerlegen lässt. Die folgende Anleitung verwendet eine der Hälften als Regalmaterial – wiederholen Sie die Arbeitsschritte einfach, um ein zweites Regal herzustellen oder bauen Sie damit den Blumenständer auf Seite 45. Sie können das Leitersprossen-Regal sowohl horizontal als auch senkrecht aufhängen. Die Enden der Leiterbeine können gerade bleiben, es sieht allerdings gefälliger aus, wenn Sie diese abrunden – außerdem verhindern Sie so schmerzhaftes Anecken.

Zusätzliche Boxen machen das Regal als Aufbewahrungslösung besonders praktisch. Ich habe dafür das Holz alter, auseinandergebauter Weinkisten verwendet. Das 12 mm dicke Sperrholz eignet sich perfekt für die Boxen – achten Sie jedoch darauf, mit dem Klauenhammer sorgfältig alle alten Nägel zu entfernen. Wenn Sie Stifte anbringen möchten, verwenden Sie am besten 12mm-Holzdübel aus dem Baumarkt oder schneiden alternativ etwas Restholz passend zu. Ich habe eine der Boxen mit zusätzlicher Tiefe gebaut und in einer anderen eine Ablage angebracht – Sie können die Gestaltung und Anordnung der Boxen nach Ihren eigenen Vorstellungen variieren.

Eine zusätzliche Aufbewahrungsmöglichkeit ist die Verwendung von zwei Schraubgläsern, die ich am Regal angebracht habe. Darin lassen sich Blumensamen, Schrauben oder andere kleine Gegenstände verstauen. Die Gläser sollten Metalldeckel haben.

Das Regal wird mit Holzblöcken an der Wand angebracht. So kann die Leiter bei Bedarf leichter wieder abgenommen werden – beispielsweise wenn Sie renovieren.

Arbeitsschritte

1 Eventuell müssen Sie das Leiterstück etwas kürzen. Messen Sie mit Bandmaß und Bleistift den Platz an der Stelle aus, wo das Regal angebracht werden soll. Übertragen Sie das Maß auf die Leiterenden. Entfernen Sie mit einem Schraubendreher alle Metallteile, die die Leiter zusammenhalten. Schneiden Sie dann die Leiterenden mit dem Fuchsschwanz entlang der Bleistiftmarkierungen zu.

2 Verwenden Sie ein Stück Sperrholz oder Pappe, das etwa so breit wie ein Leiterbein ist, um eine abgerundete Form aufzuzeichnen und auszuschneiden. Verwenden Sie diese Form als Schablone für die Leiterenden und zeichnen Sie die Form mit Bleistift an. Sägen Sie die Ecken mit dem Fuchsschwanz ab.

KONSTRUKTIONSPLAN

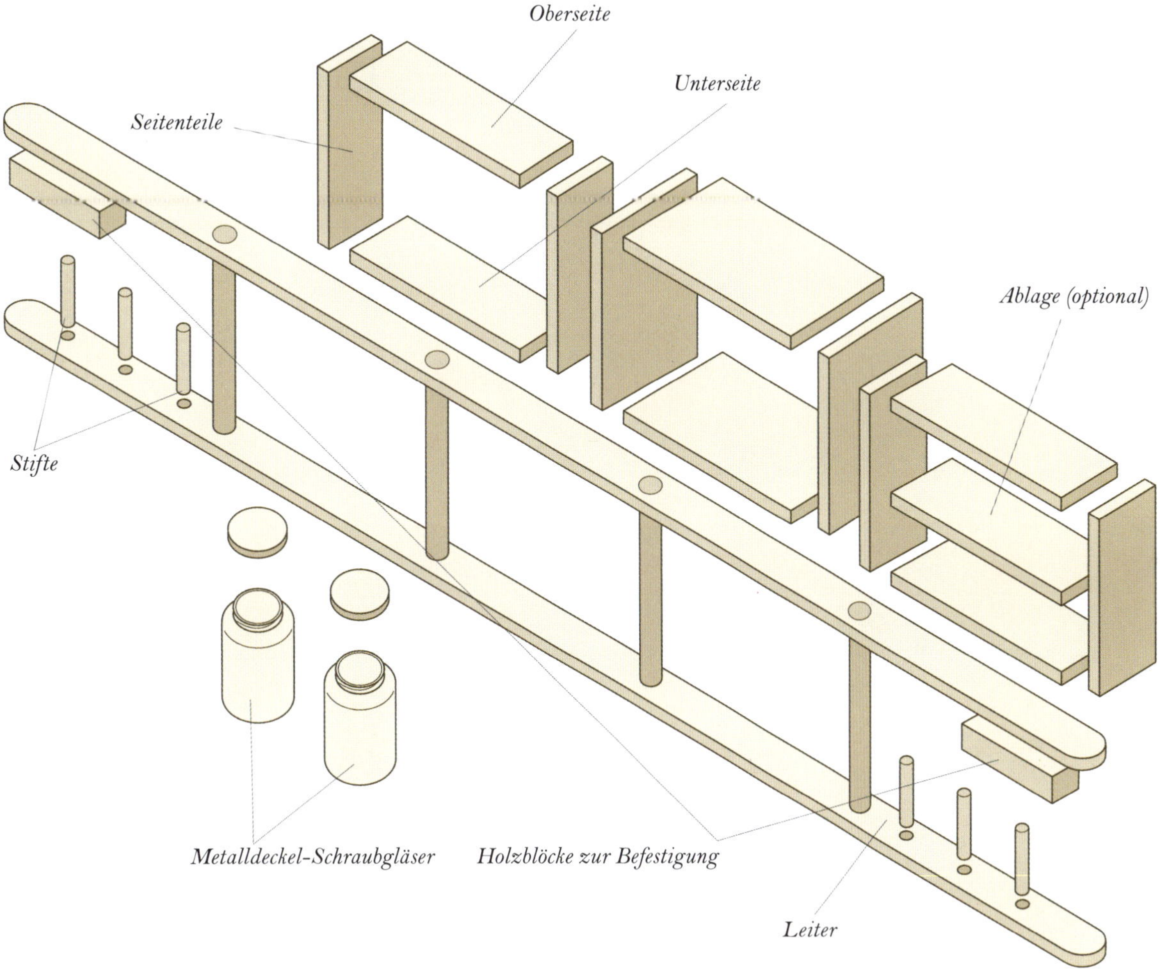

Oberseite

Unterseite

Seitenteile

Ablage (optional)

Stifte

Metalldeckel-Schraubgläser

Holzblöcke zur Befestigung

Leiter

2

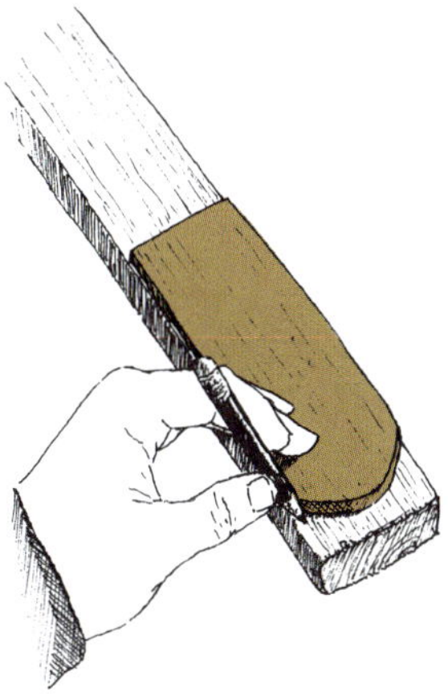

3 Runden Sie dann die Form mit einer Raspel bis zu der Bleistiftlinie ab und verwenden Sie Sandpapier (80er Körnung) und einen Schleifblock, um die Kanten glatt zu schleifen.

3

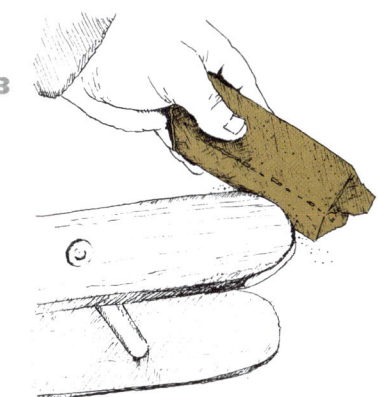

Fortsetzung

TIPPS

- **SCHRITT 7**

  Das Anbringen der zusätzlichen Ablage in einer der Boxen ist ein optionaler Schritt. Ich habe nach dem Zusammenleimen der Boxen die Breite der Box auf zwei Bretter übertragen, diese zugeschnitten und beim Zusammenbauen der Boxen eingepasst.

  Wischen Sie überschüssigen Leim mit einem feuchten Tuch weg.

- **SCHRITT 10**

  Tragen Sie beim Bohren immer eine Schutzbrille.

  Um zu vermeiden, dass das Holz beim Bohren splittert, fixieren Sie mit der Schraubzwinge ein Stück Holz an der Seite des Leiterbeines, durch die der Bohrer stößt.

  Sie können die Metallstücke wieder an der Leiter anbringen und sie als Haken verwenden, um Gegenstände daran aufzuhängen. Setzen Sie sie einfach an die Stellen, wo sie für Sie am nützlichsten sind.

- **SCHRITT 15**

  Wenn Sie Ihr Regal streichen möchten, sollten Sie dies vor dem Anbringen an der Wand tun. Ich habe in meiner Version die farbbesprizte Oberfläche absichtlich beibehalten.

4 Legen Sie ein 1 cm dickes Brett zwischen zwei Leitersprossen an und markieren Sie den Sprossenabstand mit Bleistift. Alle Sprossenabstände sollten identisch sein, Sie können dies jedoch sicherheitshalber überprüfen, bevor Sie die Boxen zuschneiden. Schneiden Sie dann mit dem Fuchsschwanz für jede Box zwei Bretter in dieser Länge zu.

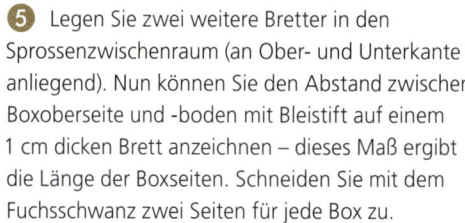

5 Legen Sie zwei weitere Bretter in den Sprossenzwischenraum (an Ober- und Unterkante anliegend). Nun können Sie den Abstand zwischen Boxoberseite und -boden mit Bleistift auf einem 1 cm dicken Brett anzeichnen – dieses Maß ergibt die Länge der Boxseiten. Schneiden Sie mit dem Fuchsschwanz zwei Seiten für jede Box zu.

6 Entscheiden Sie nun, wie tief die Boxen werden sollen. Ich habe für die Tiefe 11 cm (äußere Boxen) und 16 cm (mittlere Box) festgelegt. Zeichnen Sie das gewünschte Maß mit Bleistift an den Werkstücken an, fixieren Sie diese mit der Schraubzwinge und sägen Sie mit dem Fuchsschwanz entlang der Bleistiftlinien.

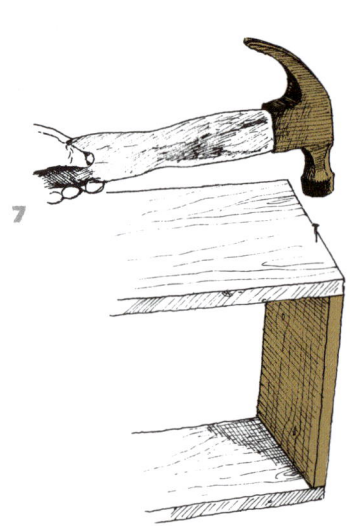

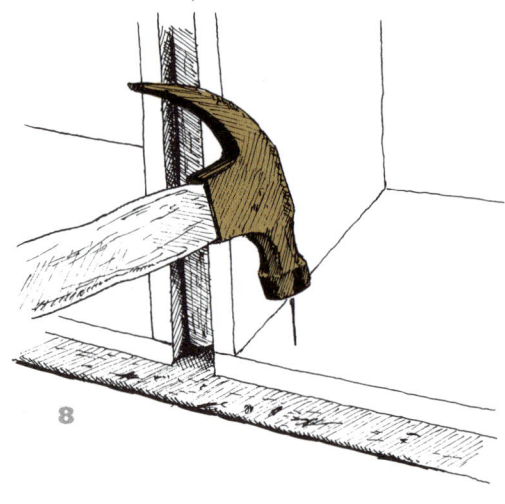

7 Nun können Sie die Boxen zusammenbauen. Stellen Sie die Seitenteile aufrecht und streichen Sie einen dünnen Holzleimfilm auf die Kanten. Legen Sie eine Oberseite darauf und befestigen Sie das Brett an den Seiten mit drei oder vier Nägeln (diese sollten etwa doppelt so lang wie die Dicke des Boxmaterials sein). Drehen Sie die Box herum und verfahren Sie mit der Bodenplatte ebenso.

8 Lassen Sie den Leim trocknen und schleifen Sie dann die Boxen mit Sandpapier (120er Körnung) glatt. Setzen Sie sie in die gewünschten Positionen zwischen den Leitersprossen (bündig mit der Leiterrahmenrückseite). Nageln Sie mit dem Klauenhammer die Boxen durch Ober- und Unterseite an den Leiterbeinen fest.

9 Markieren Sie mit Bleistift eine Linie mittig entlang der äußeren Leiterbeinseiten – hier werden die Stifte zum Aufhängen von Gegenständen angebracht.

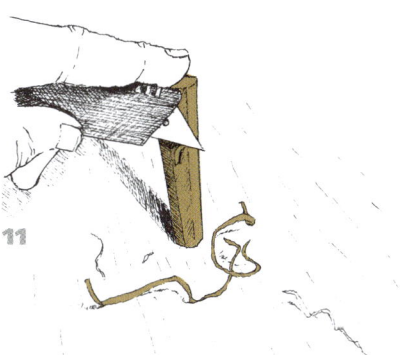

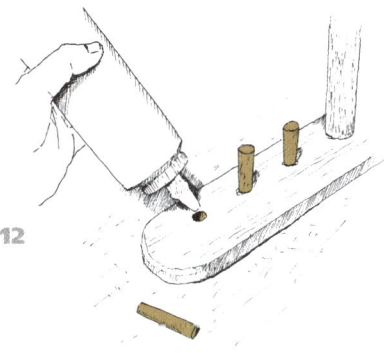

10 Teilen Sie die Länge der Linie durch die gewünschte Anzahl der Stifte, um deren Abstand zu ermitteln. Ich habe an jeder Seite drei Stifte im Abstand von jeweils 4,5 cm angebracht. Bohren Sie die Löcher für die Stifte mit dem 12mm-Bohrer.

11 Sie können entweder im Baumarkt Holzdübel mit 1 cm Durchmesser kaufen oder die Stifte selbst herstellen. Schneiden Sie dafür einige Holzstücke in Quadrate mit etwa 1 cm Durchmesser mit Fuchsschwanz oder Holzraspel zu. Schnitzen Sie dann mit dem Cuttermesser die Seitenkanten rund, bis der Stift in das gebohrte Loch passt.

12 Schneiden Sie den Dübel auf etwa 5 cm Länge und stumpfen Sie die scharfe Oberkante mit Sandpapier (80er Körnung) ab. Drücken Sie eine kleine Menge Holzleim in die Löcher und schlagen Sie die Dübel mit dem Klauenhammer ein, bis sie bündig mit der Unterseite der Leiterbeine liegen. Wiederholen Sie den Vorgang mit den restlichen Dübeln.

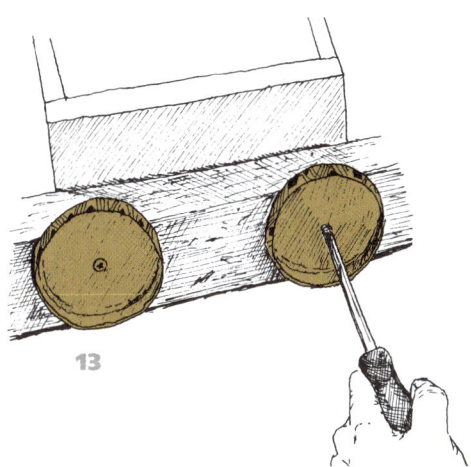

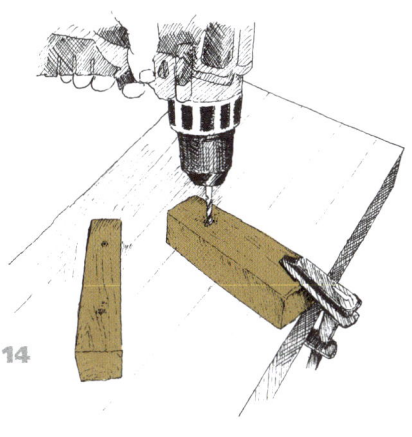

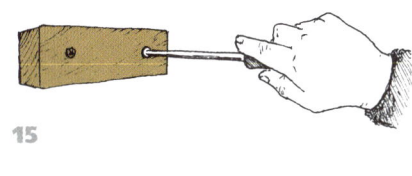

13 Um die Metalldeckel-Schraubgläser am Regal anzubringen, fixieren Sie einen Deckel mit der Schraubzwinge an einem Holzklotz und bohren mit dem 3mm-Metallbohrer ein Loch in die Mitte des Deckels. Schrauben Sie den Deckel dann mit einer Holzschraube an der Unterseite des Leiterrahmens fest.

14 Bohren Sie jeweils zwei 8mm-Löcher in den Holzblöcken zur Befestigung des Regals vor. Bohren Sie dann mit dem 6mm-Bohrer Löcher in die Außenseiten der oberen Leiterbeine – hier werden die Schrauben angebracht, die das Regal an den Holzblöcken befestigen.

15 Lassen Sie sich nun am besten von jemandem helfen, der die Leiter für Sie hält. Markieren Sie mit Bleistift die gewünschte Position der Holzblöcke an der Wand. Dabei richten Sie die Leiter mit der Wasserwaage genau aus. Messen und markieren Sie die Position der Löcher und bohren Sie diese vor. Je nach der Beschaffenheit der Wand, an der Sie das Regal anbringen, müssen Sie eventuell zur Befestigung Dübel oder eine andere Verankerungsmöglichkeit verwenden. Schrauben Sie die Holzklötze an der Wand fest. Lassen Sie jemanden das Regal festhalten, während Sie sie es mit langen Schrauben fixieren.

*Das fertige
Leitersprossen-Wandregal.*

(A) *Wenn die Stifte ganz durch die Leiter geschlagen werden, sind sie als Aufhäng-möglichkeit besonders stabil.*

(B) *Beim Anbringen der Schraubdeckel an der Leiter sollten Sie darauf achten, dass der Deckel nicht über die hintere Leiterkante hinausragt, da das Regal sonst nicht bündig mit der Wand hängt.*

(C) *Die Box passt perfekt zwischen Leitersprossen und -beine.*

(D) *Die Boxen können nebeneinander angebracht werden, allerdings sollten Sie die Nägel dann versetzt anbringen.*

(E) *Die Bretter der Boxen werden mit Leim fixiert; Nägel sorgen für zusätzliche Stabilität.*

PERFEKTES PFLANZ-SPALIER

Vor einiger Zeit bat mich eine Bekannte um einen Verschönerungsvorschlag für den noch ziemlich trostlosen Garten ihres neuen Hauses. Sie wünschte sich ein paar Bäume, um dem Garten Leben und Struktur zu verleihen, leider ließ aber ihr Budget nach der Hausrenovierung die Pflanzung erwachsener Bäume nicht mehr zu – sie suchte also eine kostengünstige Lösung. Ursprünglich wollte ich dieses Projekt aus Holzresten anfertigen, fand dann aber in ihrem Garten zwei ausrangierte Fliegengittertüren. Die Gitter waren eingerissen und die Angeln unbrauchbar geworden, doch die unbehandelten Holzrahmen kamen mir wie gerufen. In Kombination mit einigen Dielenbrettern waren sie das perfekte Material für ein klassisches Pflanzspalier.

BENÖTIGTE WERKZEUGE

Bandmaß und Bleistift

Fuchsschwanz

Handbohrmaschine mit
4-mm- und 10-mm-Bohrer

Schraubendreher

Schraubzwinge

Winkelmesser oder
Geodreieck (optional)

Flachkopf-
Schraubendreher

Sandpapier (80er Körnung)
und Schleifblock

Klauenhammer

NÜTZLICHE HELFER

Stichsäge

Akku-Bohrschrauber

Surform-Raspel

ZUBEHÖR

Holzschrauben

Nägel

ZUSCHNITTLISTE

4 Bretter,
5 × 7,5 × 198 cm
(für die Seitenteile der
Seitenrahmen)

4 Bretter,
5 × 7,5 × 31 cm
(für Oberseite und Boden
der Seitenrahmen)

2 Bretter,
2,5 × 12 × 120 cm
(für die Dachlatten)

5 Bretter,
2,5 × 12 × 81 cm
(für die Dachquerbalken)

20 Bretter,
2,5 × 5 × 76 cm
(für das Gitterwerk)

MATERIALAUSWAHL

Mit zwei Fliegengittertüren können Sie dieses Projekt schnell umsetzen – ein tolles Beispiel dafür, was sich mit wiedergewonnenem Holz alles bauen lässt. Alternativ können Sie eine Spanische Wand verwenden oder – wie in der Anleitung beschrieben – die Seitenrahmen aus 5 x 7,5 cm Brettern einfach selbst bauen.

Für das Gitterwerk können Sie dünne Bretter, Holzdübel, kleine Äste oder Bambusrohre verwenden. Ich habe als Gitterwerk 2,5 × 5 cm Holzreste von einem anderen Projekt verwertet. Die Dachlatten und Querbalken erfordern etwas längere Stücke – Fußbodendielen sind hierfür ideal.

*Arbeits-
schritte* 2

❶ Wenn Sie Fliegengittertüren verwenden möchten, springen Sie gleich zu Schritt 5, andernfalls fertigen Sie zuerst die Seitenrahmen an. Messen und markieren Sie mit Bandmaß und Bleistift vier 5 × 7,5 cm Bretter in der gewünschten Spalierhöhe – dies sind die Seitenteile. Messen und markieren Sie dann die Bretter für Oberseite und Boden – die Länge dieser Stücke legt die Spaliertiefe fest (ich empfehle ca. 31 cm). Schneiden Sie die acht Bretter mit dem Fuchsschwanz entlang der Markierungen zu.

❷ Nun markieren Sie die Schraubenpositionen, indem Sie die vier langen Seitenteile auf die die schmale Längskante stellen. Stellen Sie eines der kurzen Stücke bündig auf den Rand des langen Stückes und markieren Sie mit Bleistift entlang der Innenkante. Wiederholen Sie diesen Schritt an allen Enden der vier langen Bretter. Hier werden sie später die Schrauben anbringen.

Fortsetzung

KONSTRUKTIONSPLAN

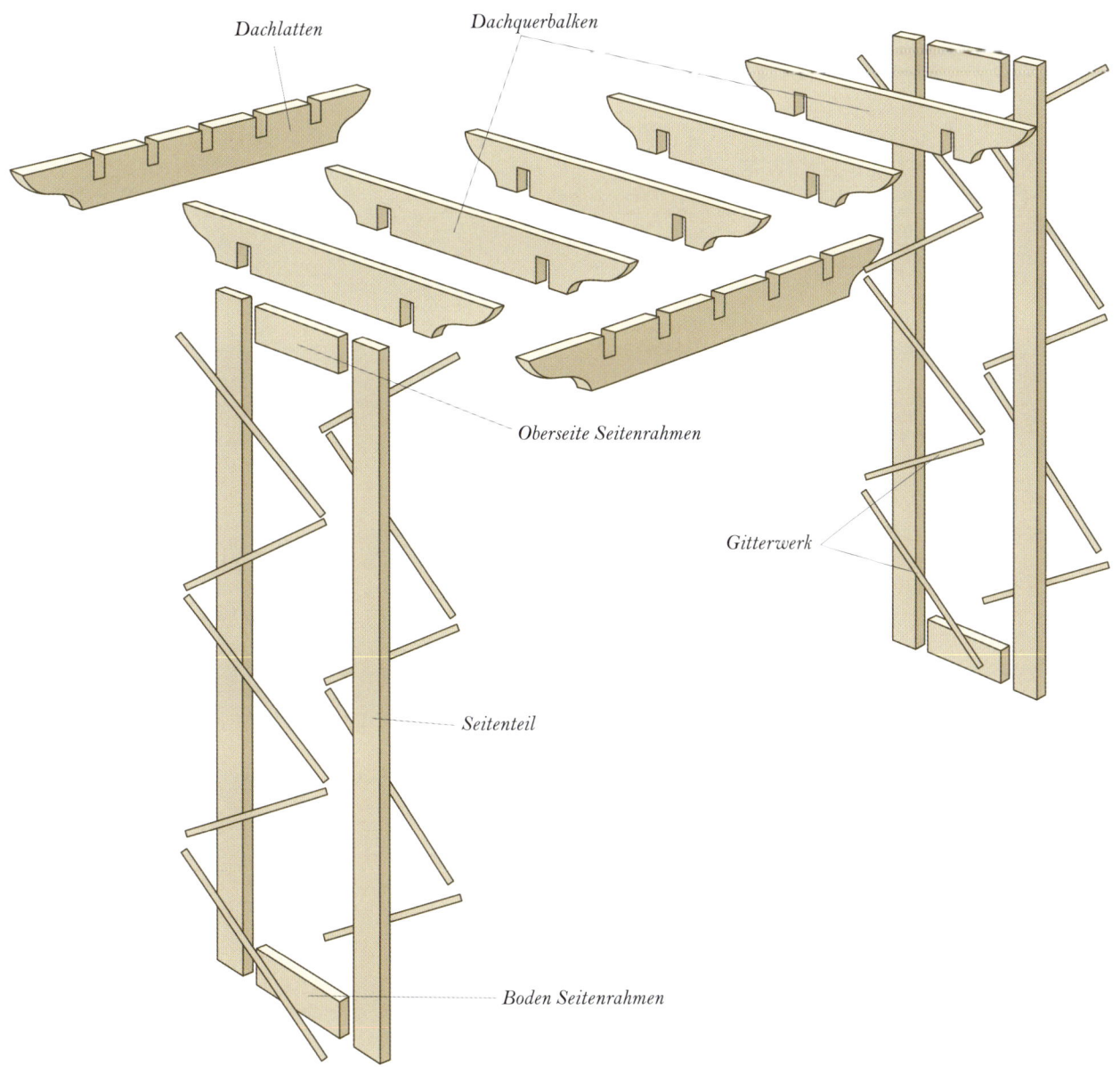

Dachlatten

Dachquerbalken

Oberseite Seitenrahmen

Gitterwerk

Seitenteil

Boden Seitenrahmen

TIPPS

- SCHRITT 3

Wenn Sie ein Loch mit festgelegter Tiefe bohren müssen, legen Sie den Bohrer an ein Lineal oder Bandmaß und markieren Sie die Bohrtiefe, indem Sie ein Stück Kreppband um den Bohrer wickeln.

- SCHRITT 4

Ein wenig Kerzenwachs erleichtert das Eindrehen der Schraube.

3 Bohren Sie mit gleichem Abstand zum Rand und zu den Bleistiftlinien zwei 10mm-Löcher in jedes Ende der Seitenteile bis zur Tiefe des Schraubenkopfes. Wechseln Sie dann zum 4mm-Bohrer und bohren Sie bis zur Tiefe der Schraubenlänge weiter. Diese Technik wird Senken genannt – die Schraubenköpfe liegen später bündig mit der Holzoberkante im Werkstück.

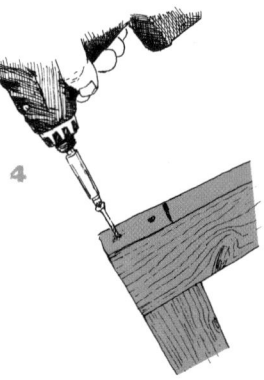

4 Legen Sie für jeden Seitenrahmen die langen und kurzen Seitenrahmenstücke aneinander und drehen Sie mit dem Schraubendreher lange Holzschrauben durch die Senkbohrungen in die kurzen Bretter. Achten Sie darauf, dass die Schrauben lang genug sind, um mindestens 4 cm tief in die Seitenteile hineingedreht zu werden.

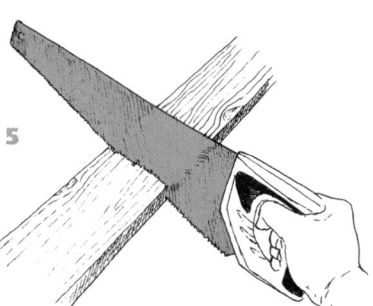

5 Nun fertigen Sie das Dach des Spaliers. Berechnen Sie zunächst die benötigt Breite – kalkulieren Sie dabei auf jeder Seite ein paar zusätzliche Zentimeter zu der zu überspannenden Breite ein. Addieren Sie zu diesem Maß 36 cm – 18 cm Überhang auf jeder Seite des Spaliers (die von mir gewählte Breite beträgt 120 cm). Messen und markieren Sie mit Bandmaß und Bleistift zwei 2,5 x 12 cm Bretter in dieser Größe. Sägen Sie dann die Dachlatten mit dem Fuchsschwanz zu.

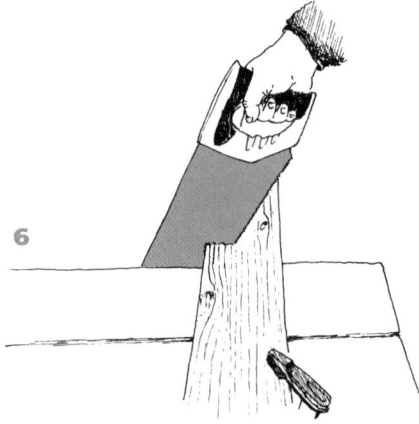

6 Nun messen Sie die Breite der Seitenrahmen und addieren zu diesem Maß 36 cm Überhang. Meine Seitenrahmen sind 46 cm lang, die Bretter werden also auf 82 cm Länge gesägt. Markieren Sie fünf Bretter für die Dachquerbalken und sägen Sie diese mit dem Fuchsschwanz zu.

7 Das Spalier wirkt besonders edel, wenn Sie die Ecken abgerundet gestalten. Am besten lässt sich die geschwungene Form mit einer Stichsäge schneiden. Alternativ können Sie mit dem Fuchsschwanz einen abgerundeten Winkel sägen. In jedem Fall sollte die Form etwa 12 cm tief in das Brett hineinragen. Zeichnen Sie die gewünschte Form erst mit Bleistift auf dem Brett vor – am besten verwenden Sie dafür eine Schablone (siehe Tipp rechts) und sägen dann entlang der Bleistiftlinie.

9 Nun markieren Sie weitere drei Paar Bleistiftlinien – gleichmäßig zwischen den gerade markierten Stellen. Diese Markierungen sind die Kontaktpunkte für die Dachlatten, der Abstand beider Linien ist wieder gleich der Dicke der Dachlatten. Wenn also die Latten 2,5 cm dick sind, finden Sie erst den korrekten Abstand und markieren dann jeweils 1,25 cm rechts und links davon eine Bleistiftlinie. Am Ende sollten Sie fünf Paar Linien angezeichnet haben.

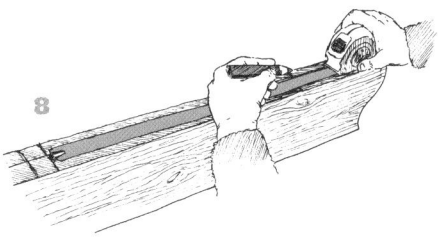

8 Legen Sie die beiden langen Dachbalken aufeinander und richten Sie die Kanten aus. Fixieren Sie die Werkstücke provisorisch mit Schraubzwingen oder Nägeln aneinander. Legen Sie sie auf die Kante, so dass die geschwungenen Ecken nach unten zeigen. Messen Sie mit dem Bandmaß 23 cm Abstand von den Enden und markieren Sie die Stelle mit Bleistift. Messen Sie dann die Dicke einer der Dachlatten von der Bleistiftmarkierung zurück in Richtung Lattenende und markieren Sie auch diese Stelle (Sie haben nun zwei Bleistiftlinien). Wenn die Dachlatte beispielsweise 2,5 cm breit ist, markieren Sie 23 cm und 20,5 cm vom Brettende.

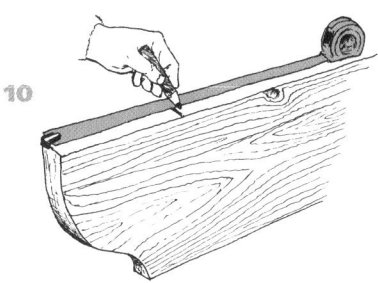

10 Messen und markieren Sie alle fünf Dachlatten wie in Schritt 8 beschrieben. Verwenden Sie als Maße wieder 23 cm (gemessen vom Lattenende) und die Dicke der Dachquerlatte (von der Markierung zurück in Richtung Lattenende).

Fortsetzung

Fortsetzung

TIPPS

• **SCHRITT 7**

Um sicherzustellen, dass die geschwungenen Enden der Dachlatten einheitlich sind, sollten Sie eine Schablone der Form herstellen. Sie können hierfür ein Stück Sperrholz oder Pappe verwenden und so leicht die Form auf dem Holz anzeichnen.

Tragen Sie beim Verwenden der Stichsäge immer eine Schutzbrille und achten Sie auf das Kabel und Ihre Finger.

• **SCHRITT 9**

Wenn Sie eine Länge zwischen zwei Endpunkten gleichmäßig unterteilen möchten, dividieren Sie die Länge durch die Anzahl der Markierungen plus eins. Für drei Markierungen teilen Sie also den Abstand durch vier – dies ergibt den Abstand der Markierungen zueinander.

TIPP

- **SCHRITT 11**

Verwenden Sie einen Zimmermannsbleistift – so erhalten Sie dicke, gut sichtbare Linien und die Mine wird nicht auf dem rauen Holz abbrechen – außerdem wirken Sie wie ein Profi.

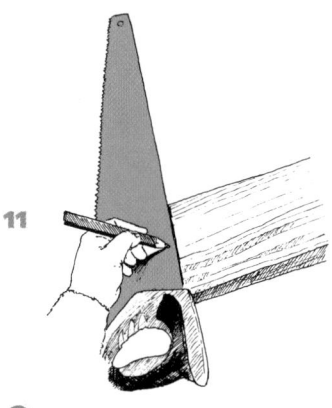

11 Als nächstes markieren Sie an den Bleistiftlinien der Dachquerbalken die Tiefe der Kreuzverbindungen der Dachlatten. Verwenden Sie das Winkelmaß des Fuchsschwanzes oder einen Winkelmesser, um den rechten Winkel exakt anzuzeichnen. Verlängern Sie die Bleistiftlinien über die Kante auf die Vorderseite der Latte. Messen Sie dann mit dem Bandmaß etwa drei Viertel der Lattenbreite und zeichnen Sie dort eine horizontale Linie im rechten Winkel durch die Bleistiftmarkierungen.

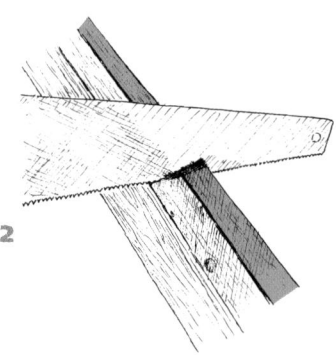

12 Nun können Sie mit dem Fuchsschwanz die Verbindungen aussägen. Schneiden Sie zuerst möglichst exakt entlang der Bleistiftlinien bis zur Dreiviertellinie. Dann setzten Sie weitere drei parallele Schnitte gleicher Länge zwischen die Linien. Der Vorteil der aneinander fixierten Werkstücke ist, dass Sie nur einmal markieren und sägen müssen.

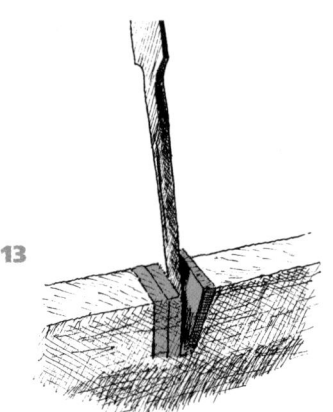

13 Wenn alle Verbindungen eingeschnitten sind, entfernen Sie durch leichtes Drehen mit dem Schraubendreher das Holz zwischen den Schlitzen. Glätten Sie die Verbindung dann mit Sandpapier (80er Körnung) oder einer Holzraspel.

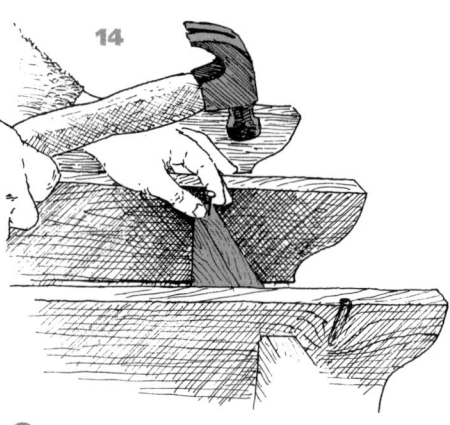

14 Als nächstes wird das Dach zusammengebaut. Legen Sie die Lachlatten in die entsprechenden Kreuzverbindungen der Dachquerbalken. Wenn die Verbindungen zu eng sind, können Sie mit Sandpapier (80er Körnung) etwas mehr Platz schaffen. Wenn alles passt, treiben Sie für zusätzliche Stabilität lange Nägel diagonal durch die Verbindungen.

15 Nun bringen Sie das Dach an den Seitenrahmen an. Stellen Sie die Rahmen aufrecht auf den Boden – wenn Sie richtig gemessen haben, passt das Dach genau auf die Oberseite. Lassen Sie sich wenn möglich beim Halten helfen und fixieren Sie die Seitenrahmen mit langen Holzschrauben. Das Spalier sollte nun aufrecht stehen.

16 Dividieren Sie die Länge der Seitenrahmen durch fünf und markieren Sie vier Punkte in gleichem Abstand entlang der beiden Vorderkanten. Diese Stellen dienen als Anhaltspunkte für die Position des Gitterwerks.

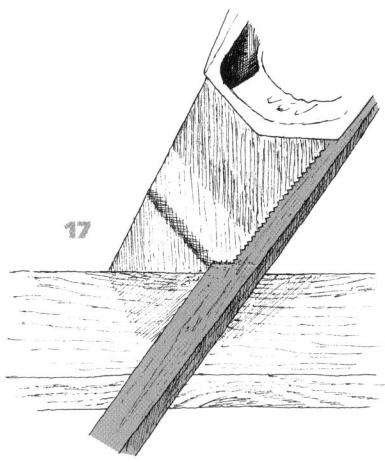

17 Bringen Sie mit Hilfe der Bleistiftmarkierungen die Gitterwerkstücke im Zickzack an den Vorderseiten der Seitenrahmen an. Die Enden werden abgewinkelt geschnitten – dafür legen Sie das Stück in Position und markieren das Ende mit Bleistift parallel zur Seitenrahmenkante. Sägen Sie dann mit dem Fuchsschwanz entlang der Markierung. Nehmen Sie sich ein Stück nach dem anderen vor und nageln Sie jedes Gitterwerkstück am Seitenrahmen fest.

18 Stellen Sie mit einem Helfer das Spalier am gewünschten Standort auf. Am besten verankern Sie die Konstruktion mit Schnüren und Heringen (im Baumarkt erhältlich) im Boden.

TIPPS

- **SCHRITT 17**

Wenn Sie die Gitterwerkstücke genau im rechten Winkel positionieren, müssen Sie beide Enden nur am obersten und untersten Stück kürzen. Legen Sie einfach immer ein Ende an ein gesägtes Stück an.

Ich habe drei Schichten einer schützenden Lasur als Oberflächenbehandlung aufgetragen, Sie können das Spalier allerdings auch farbig streichen.

Das fertige perfekte Pflanzspalier.

(A) *Mit Stichsäge und Schablone lassen sich leicht einheitlich geschwungene Latten- und Balkenenden formen.*

(B) *Das Gitterwerk ist an beiden Frontseiten des Rahmens festgenagelt.*

(C) *Die Dachlatten passen perfekt in die Verbindungen der Dachquerbalken.*

(D) *Das Dach des Spaliers liegt direkt auf den Seitenrahmen.*

A

B

C

D

X-BEIN-
ESSTISCH

Wenn Sie so wie ich in der warmen
Jahreszeit gern mit Freunden und
Familie im Freien sitzen, werden Sie
einen qualitativ hochwertigen Esstisch
zu schätzen wissen – besonders bei Feiern
und langen Grillabenden wird er Ihnen
gute Dienste leisten. Sie werden besonders
stolz sein, wenn Ihre Gäste den Esstisch
bewundern, den Sie selbst in Handarbeit
hergestellt haben. Folgen Sie einfach der
Anleitung, um einige neue Holzarbeits-
Tricks zu lernen und einen stabilen und
schönen Tisch für den Innen- und Außenbereich Ihr Eigen nennen zu können, der
Ihnen über Jahre Freude bereiten wird.

BENÖTIGTE WERKZEUGE

Klauenhammer

Bandmaß und Bleistift

Fuchsschwanz

Handbohrmaschine mit
8-mm-Bohrer

Flachkopf-
Schraubendreher

Holzraspel oder
Surform-Raspel

Sandpapier (80er und
120er Körnung)

NÜTZLICHE HELFER

Akku-Bohrschrauber

Schwingschleifer

ZUBEHÖR

Holzschrauben

Holzleim

Nägel

2 Flügelmuttern, Bolzen
und Unterlegscheiben

ZUSCHNITTLISTE

1 Lattentür oder
5 Dielenbretter,
2,5 × 18,5 × 183 cm
(für die Tischplatte)

1,6 m Brett,
1 × 5 cm
(für die Leisten)

6 m Brett,
7,5 × 7,5 cm
(für die Beine und den
Querbalken)

MATERIALAUSWAHL

Die Tischplatte ist die wichtigste Komponente und bestimmt die Dimensionen des Rahmens. Am besten eignet sich eine Brettertür. Solche Türen werden oft für Schuppen, Scheunen und andere Gebäude im Außenbereich verwendet. Das Türblatt besteht aus vertikal verlaufenden Brettern, auf der Rückseite befinden sich zwei Querriegel und ein diagonal verlaufendes Brett, so dass eine Z-Form entsteht. Brettertüren finden Sie beispielsweise in Wertstoffhöfen oder Sperrmüllsammelstellen. Lassen Sie sich nicht von der äußeren Erscheinung der Tür abschrecken, selbst wenn diese starke Gebrauchsspuren aufweist. Im gesäuberten Zustand wird eine solche Tür Ihren Tisch zum Charakterstück mit antikem Flair machen.

Sollten Sie keine Brettertür finden, müssen Sie etwas mehr Arbeit in das Projekt investieren und die Tischplatte aus alten Dielenbrettern selbst bauen – das Resultat wird jedoch genauso beeindruckend sein. Die Dielenbretter sollten lang genug und nebeneinanderliegend breit genug für die gewünschte Tischplattengröße sein.

Damit der Tisch nicht kippelt oder wackelt, sollten Sie für den X-Rahmen unbedingt dickes und stabiles Holz verwenden: ich empfehle mindestens 7,5 × 7,5 cm. Wenn Sie Schwierigkeiten haben, alte Bretter in dieser Größe aufzutreiben, sollten Sie sich an einen Baumarkt oder Holzfachhandel wenden. Kaufen Sie 4 m Holz in der Größe 7,5 x 7,5 oder 10 x 10 cm – dies ist das Material für den X-Rahmen. Zusätzlich benötigen Sie eine Tischlänge dieses Holzes für den Querbalken. Ein gutes Maß für die Esstischbreite sind etwa 91 cm, wenn Sie also mit Dielenbrettern arbeiten, benötigen Sie fünf 18,5 cm breite Bretter.

Arbeitsschritte

1 Wenn Sie eine Brettertür verwenden, beginnen Sie mit Schritt 2. Um die Tischplatte aus Dielenbrettern herzustellen, entfernen Sie zunächst mit dem Klauenhammer alle alten Nägel aus dem Holz. Messen Sie die gewünschte Tischlänge und markieren Sie diese auf den Brettern. Schneiden Sie die Dielen mit dem Fuchsschwanz auf Länge. Legen Sie die Bretter so aneinander, dass die Holzmaserungen ein gefälliges Gesamtbild ergeben. Drehen Sie dann die Bretter herum.

KONSTRUKTIONSPLAN

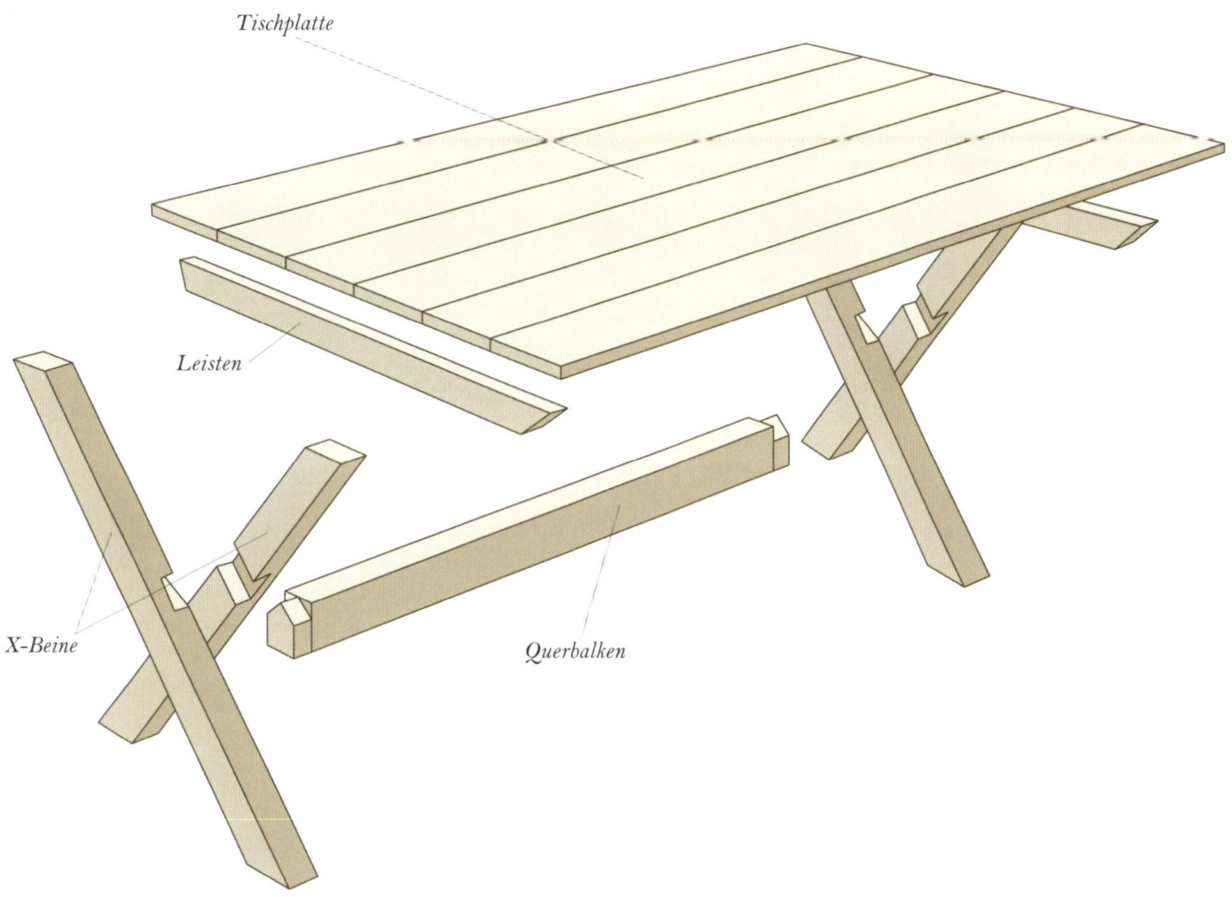

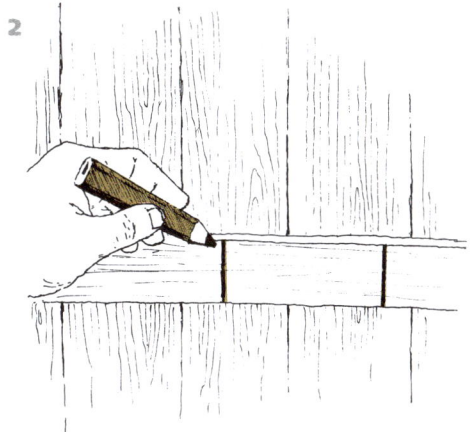

Tischplatte

Leisten

X-Beine

Querbalken

2 Sägen Sie mit dem Fuchsschwanz zwei 1 × 5 cm Leisten 10 cm kürzer als die Breite der Tischplatte zu. Positionieren Sie jeweils eine Leiste an den kurzen Seiten (mit etwa 5 cm Abstand zur Kante). Markieren Sie mit Bleistift die Position der Bohrlöcher in der Mitte der Leisten. Die Löcher sollten sich jeweils in der Mitte jedes Dielen- oder Türbrettes befinden.

Fortsetzung

TIPPS

• SCHRITT 3

Die Bohrlöcher für die Schrauben werden Ihnen vielleicht zu groß vorkommen, aber sie sorgen für Flexibilität der Tischplatte wenn das Holz sich ausdehnt und zusammenzieht. Ohne diesen Spielraum könnten die Bretter splittern. Achten Sie darauf, dass der Schraubenkopf größer als das Bohrloch ist.

Vor dem Anschrauben der Leisten sollten Sie prüfen, ob die Schrauben lang genug sind, um mindestens bis zur Hälfte der Tischplattentiefe in diese hineinzuragen, allerdings nicht so lang, dass sie durch die Tischplatte ragen.

• SCHRITT 4

Markieren Sie die Beine mit einer Zahlenabfolge. Wenn die Verbindungen ausgesägt und die Beine zusammengebaut werden, müssen Sie den Überblick über die korrekte Position aller Werkstücke behalten.

• SCHRITT 5

Das Schraffieren der zu entfernenden Flächen mit Bleistift verhindert Fehler beim Sägen. Gewöhnen Sie sich für spätere Projekte diese Vorgehensweise an, auch wenn die Flächen in diesem Projekt offensichtlich erscheinen – die Erfahrung zeigt, dass selbst routinierte Heimwerker sonst leicht falsche Schnitte setzen.

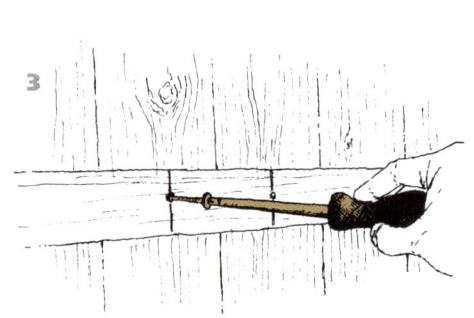

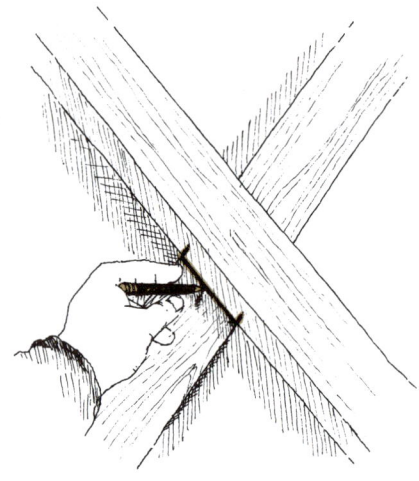

3 Bohren Sie an den markierten Stellen mit dem 8-mm-Bohrer Löcher in den Leisten vor. Positionieren Sie dann die Leisten jeweils im Abstand von 31 cm von den kurzen Tischplattenenden und schrauben Sie sie mit Holzschrauben fest.

4 Nun fertigen Sie die Verbindungen der Beine, um den X-Rahmen herzustellen – die Tischplattenbretter liegen nach unten gedreht auf dem Boden. Schneiden Sie mit dem Fuchsschwanz vier 1-m-Stücke aus den 7,5 x 7,5 cm Brettern. Legen Sie die Bretter dann in X-Form an den Tisch – die äußeren Ecken haben jeweils 3 cm Abstand zu den Leistenenden. Messen Sie die Abstände von der Mitte des Kreuzes bis zum Berührungspunkt von Bein und Leiste – diese sollten überall identisch sein. Zeichnen Sie dann mit dem Bleistift ein Paar Linien an jedes Brett: eine Linie an jeder Seite des X. Wiederholen Sie die Schritte mit der anderen Seite des Rahmens.

5 Nun fertigen Sie die Verbindungen (Kämmungen) für die Beinpaare. Die gestufte Technik ist einfach zu realisieren und sehr stabil, wird Ihnen also auch bei späteren Projekten nützlich sein. Mit Ihrem Fuchsschwanz sollten Sie rechte Winkel markieren können. Verwenden Sie ihn, um die Linien, die Sie auf den Beinen angezeichnet haben, bis zur Mitte der Seitenkanten (also der halben Dicke des Brettes) zu verlängern. Ziehen Sie in der Mitte der Kante eine waagerechte Verbindungslinie. Die Verbindungen werden jeweils auf den gegenüberliegenden Brettseiten angezeichnet und mit Bleistift schraffiert.

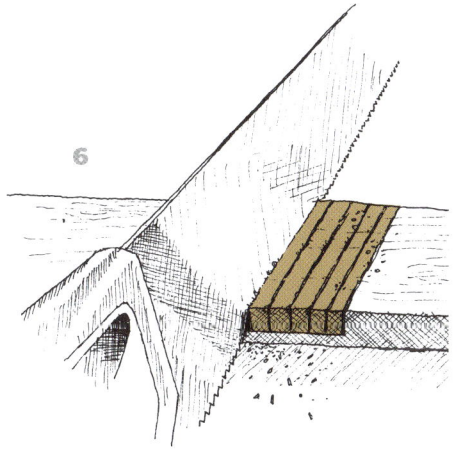

6 Setzen Sie mit dem Fuchsschwanz entlang der Bleistiftlinien zwei senkrechte Schnitte bis zur horizontalen Linie. Setzen Sie dann parallel dazu etwa im Abstand von 6 mm weitere Schnitte.

7 Verwenden Sie den Flachkopf-Schraubendreher, um das Holz zwischen den Schlitzen mit leichten Drehbewegungen auszubrechen.

TIPP

• **SCHRITT 9**

Wenn Ihnen beim Zusammenbauen des Rahmens eine Verbindung zu eng vorkommt, können Sie mit dem Hammer etwas nachhelfen – legen Sie jedoch ein Stück Holz zwischen Hammerkopf und Werkstück, um Abdrücke auf dem Holz zu vermeiden.

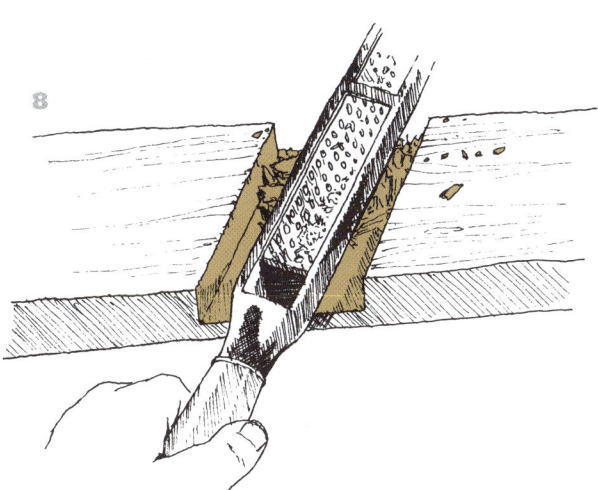

8 Glätten Sie die Verbindung mit einer Holz- oder Surform-Raspel, so dass eine flache Fläche entlang der Bleistiftmarkierung entsteht.

9 Legen Sie die Werkstücke an den Verbindungen ineinander und prüfen Sie den Sitz. Sind die Verbindungen zu eng, können Sie mit der Raspel oder mit Sandpapier (80er Körnung) etwas mehr Platz schaffen. Wenn alles gut passt, tragen Sie eine kleine Menge Holzleim auf die Verbindungen auf und drücken dann die Werkstücke aneinander. Schlagen Sie für zusätzliche Stabilität zwei Nägel durch jede Verbindung und wischen Sie überschüssigen Leim mit einem feuchten Tuch weg.

Fortsetzung

Das Positionieren des Kreuzes auf dem Querbalken ist ein kleiner Balanceakt. Lassen Sie sich entweder helfen, oder verwenden Sie eine Schraubzwinge, um den Querbalken an Ihrer Werkbank zu fixieren. Eine stabile Lage ermöglicht Ihnen exaktes Messen und Markieren.

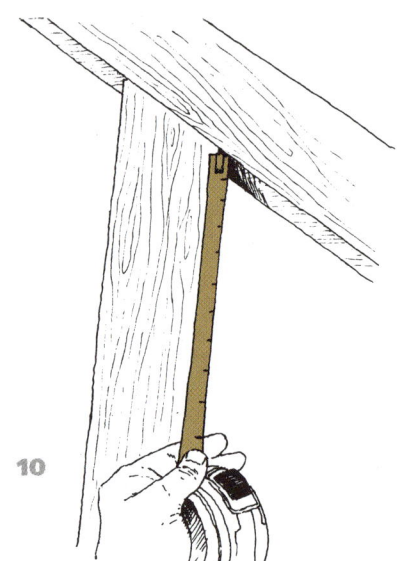

10

10 Wenn der Leim trocken ist, messen und markieren Sie die Stellen der abgewinkelten Schnitte an den Enden der X-Beine – als Maß dient die gewünschte Höhe des Tisches. Beginnen Sie in jeder Verbindung am gleichen Ausgangspunkt und messen Sie entlang der Außenkante der Beine hinunter in Richtung Boden. Verwenden Sie ein Stück Holz mit einer geraden Kante, setzen Sie es an den beiden unteren Markierungen der Beine an und ziehen Sie eine Bleistiftlinie entlang der Kante. Wiederholen Sie dies mit den oberen Enden des Rahmens. Wenn Sie korrekt gemessen haben, sind die Winkel bodenbündig und der Tisch wird nicht kippeln. Sägen Sie mit dem Fuchsschwanz entlang der Bleistiftmarkierungen.

11 Um dem Tisch zusätzliche Stabilität zu verleihen, bringen Sie nun noch den Querbalken zwischen den beiden Rahmen-kreuzen an. Positionieren Sie die Bein-paare nah an den Leisten und messen Sie den Abstand der Kreuze. Addieren Sie 5 cm zu diesem Maß, damit der Quer-balken an jeder Seite 2,5 cm überhängt. Schneiden Sie dann den Querbalken mit dem Fuchsschwanz auf Länge.

12 Damit der Querbalken genau in die Kreuze passt, setzen Sie das Balkenende an die untere Öffnung eines der X-Beine. Übertragen Sie die zwei Winkel der Beine mit Bleistift auf das Ende des Querbalkens. Markieren Sie dann vom Balkenende nach innen gemessen rechte Winkel an den Stellen, wo die diagonalen Linien auf die Seiten treffen (Tiefe der Beine plus 2,5 cm Überhang). Sägen Sie entlang beider Balkenseiten, so dass am Balkenende eine V-Form entsteht. Dann schneiden Sie vom Balkenende bis zum Ende des ersten Schnittes, um die Keile herauszulösen.

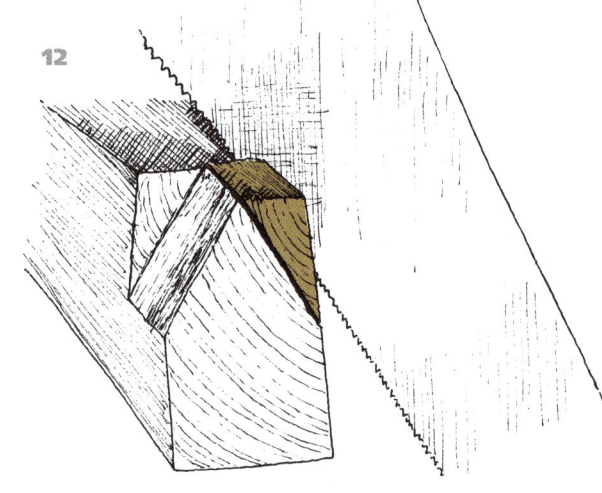

12

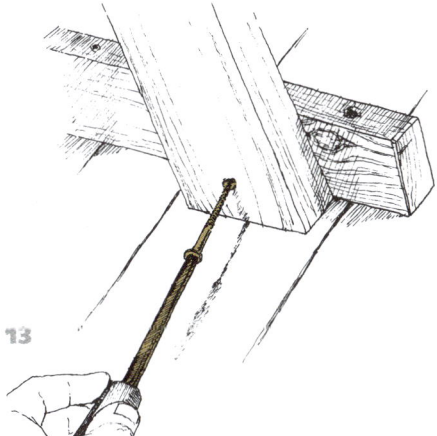

13

13 Es ist praktisch, wenn der Tisch bei Bedarf auseinandergenommen werden kann. So lässt er sich leichter für den Winter verstauen und die Oberfläche kann wenn nötig problemlos nachbehandelt werden. Aus diesem Grund habe ich den Querbalken mit Bolzen und Flügelmuttern befestigt. Fixieren Sie die Bein-Balken-Konstruktion und bohren Sie ein 8mm-Loch durch die Mitte beider Stücke. Setzen Sie einen Bolzen gleicher Stärke ein und bringen Sie an jedem Bolzenende Unterlegscheiben an. Nun können Sie die X-Beine an den Leisten an der Unterseite der Tischplatte festschrauben.

15 Die Tischplatte müssen Sie höchstwahrscheinlich gut abschleifen. Beginnen Sie bei Bedarf mit Sandpapier mit 80er Körnung und wechseln Sie dann zu 120er Körnung. Am besten verwenden Sie für diese Arbeit einen Schwingschleifer.

14 Schleifen Sie die scharfen Kanten am Tischrahmen mit Sandpapier (120er Körnung) glatt. Stellen Sie den Tisch aufrecht und begutachten Sie Ihre Arbeit.

15

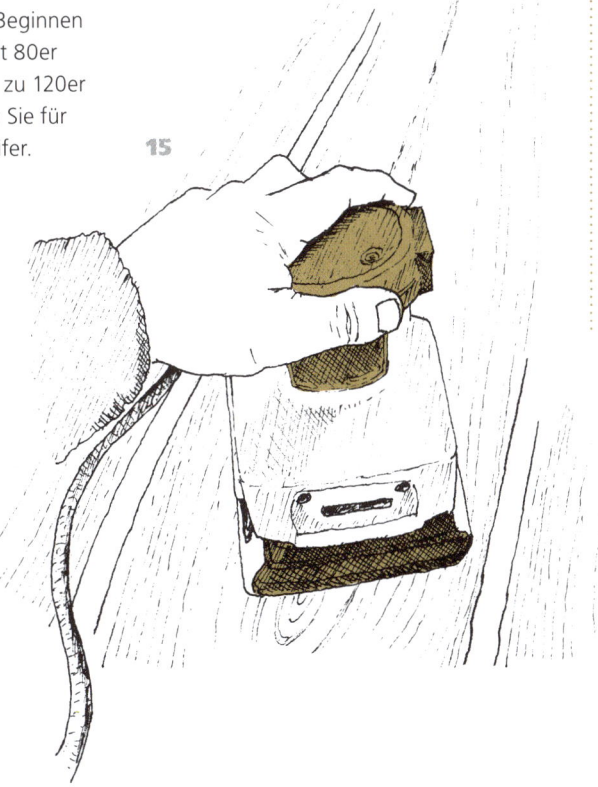

TIPPS

- **SCHRITT 15**

Schleifen Sie nach Möglichkeit immer in Richtung der Holzmaserung. Wenn Sie entgegen der Maserung schleifen, können Kratzer im Holz entstehen, die unter einer klaren Lasur sichtbar bleiben.

Tragen Sie beim Schleifen (ob von Hand oder mit dem Schwingschleifer) immer eine Staubmaske.

Sie haben mehrere Möglichkeiten, die Tischoberfläche zu behandeln. Wenn Sie die natürliche Holzoptik bevorzugen und der Tisch den Witterungseinflüssen ausgesetzt sein wird, ist ein wetterfester Lack für den Außengebrauch eine gute Wahl – eventuell könnte sogar Bootslack in Frage kommen. Wenn der Tisch geschützt oder im Innenbereich stehen wird, kann eine Lasur auf Ölbasis die natürliche Schönheit des Holzes am besten zur Geltung bringen. Den Rahmen können Sie ebenfalls behandeln oder unbehandelt lassen – oder Sie streichen ihn mit Farblasur oder einer Außenfarbe.

Der fertige X-Bein-Esstisch.

(A) *Sie benötigen lange Bolzen, die durch den Querbalken in den Rahmen geführt werden.*

(B) *Die Schrauben werden durch die Beine in die Leisten gedreht und sind so versteckt.*

(C) *Der Querbalken verbindet die beiden X-Rahmen und verleiht dem Tisch Stabilität.*

(D) *Achten Sie darauf, dass die Beine an den Leisten anliegen – dies verhindert Kippeln.*

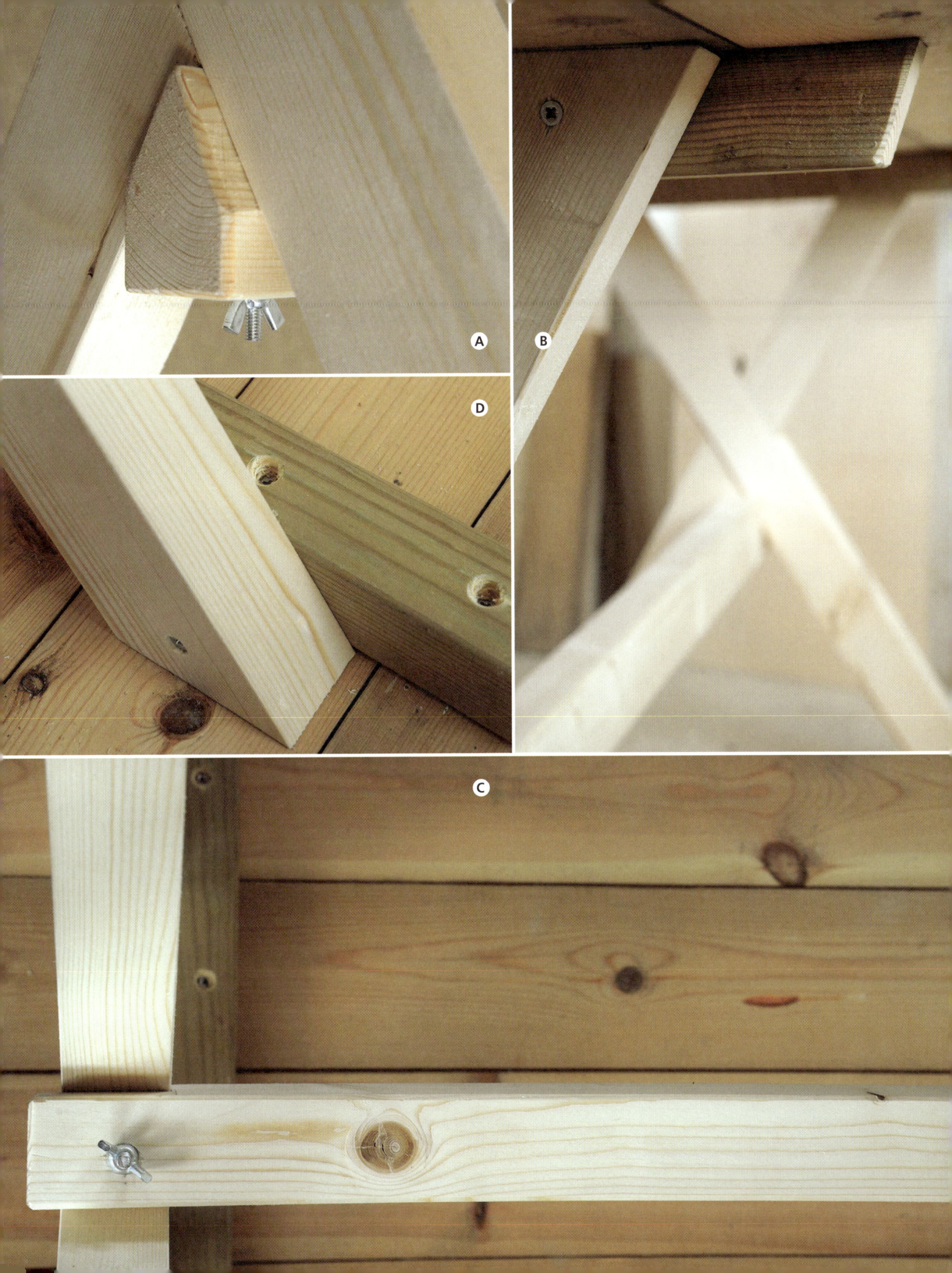

HOLZBLOCK-
HOCKER

Nachdem Sie viele Wochenenden damit zugebracht haben, für sich selbst und Ihren Freundes- und Familienkreis Holzmöbel zu bauen, werden sich in Ihrer Werkstatt allerlei Holzreste angesammelt haben. Anstatt diese Reste zu verfeuern, können Sie daraus praktische Hocker bauen. Holzblock-Hocker können Sie nicht nur als Sitzgelegenheit, sondern auch als Beistelltische, Blumenständer oder Nachttische verwenden. Sie können die Hocker beliebig in der Größe variieren und entweder eine runde oder eine quadratische Form bauen. Ich habe sogar schon eine Variante mit Ästen gebaut, nachdem ich gerade einen Baum verschnitten hatte. Das Bauprinzip ist immer gleich – und denkbar einfach.

BENÖTIGTE WERKZEUGE

Bandmaß und Bleistift

Fuchsschwanz

Handbohrmaschine
mit 10-mm- und 4-mm-
Bohrer (optional)

Schraubendreher

Klauenhammer

Surform-Raspel

Sandpapier
(80er und 120er Körnung)
und Schleifblock

NÜTZLICHE HELFER

Akku-Bohrschrauber

Schwingschleifer

ZUBEHÖR

Schrauben

Nägel

Holzleim

ZUSCHNITTLISTE

4 Bretter,
5 × 7 × 56 cm
(für die Beine)

ca. 30 verschiedene
Holzklötze oder Stämme

TIPP

- SCHRITT 2

Wenn Sie keinen ebenen
Fußboden haben, können
Sie auf einer geraden
Sperrholzplatte arbeiten.

MATERIALAUSWAHL

Sammeln Sie einfach einen Stapel Restholz und wählen Sie daraus vier etwa gleichlange Stücke aus, die lang genug für die gewünschte Hockerhöhe sind. Ich empfehle 53 cm, Sie können die Höhe aber beliebig variieren. Die Beine sollten mindestens 5 cm dick sein – allerdings muss die Dicke nicht einheitlich sein. Die Klötze oder Stämme für die Sitzfläche sollten zusammen ein gefälliges Bild ergeben – achten Sie auf die Farbe und Maserung des Holzes. Die Querschnittsflächen an der Hockeroberseite (Hirnholz genannt) sind sehr hart, Sie müssen also ausgiebig schleifen, um ein zufriedenstellendes Ergebnis zu erhalten. Das fertig lasierte Ergebnis wird Sie für Ihre Mühen entschädigen – eine gut geschliffene Hirnholz-oberfläche ist etwas Besonderes.

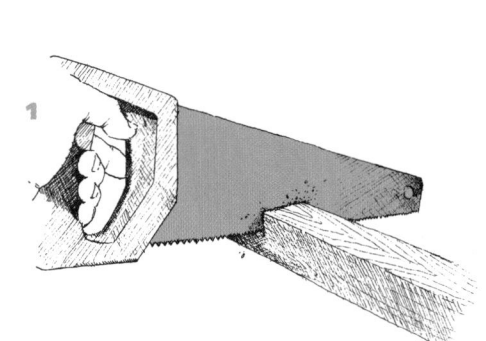

Arbeitsschritte

1 Verwenden Sie Bandmaß und Bleistift, um die Höhe des Hockers an den Beinen anzuzeichnen. Schneiden Sie die Stücke mit dem Fuchsschwanz auf Länge.

2 Stellen Sie die vier Beine auf die Oberkante und positionieren Sie sie in der ungefähren Hockerform. Ordnen Sie dann die Holzreste wie ein Puzzle zwischen den Beinen an, um die Hockerform auszufüllen.

Fortsetzung

KONSTRUKTIONSPLAN

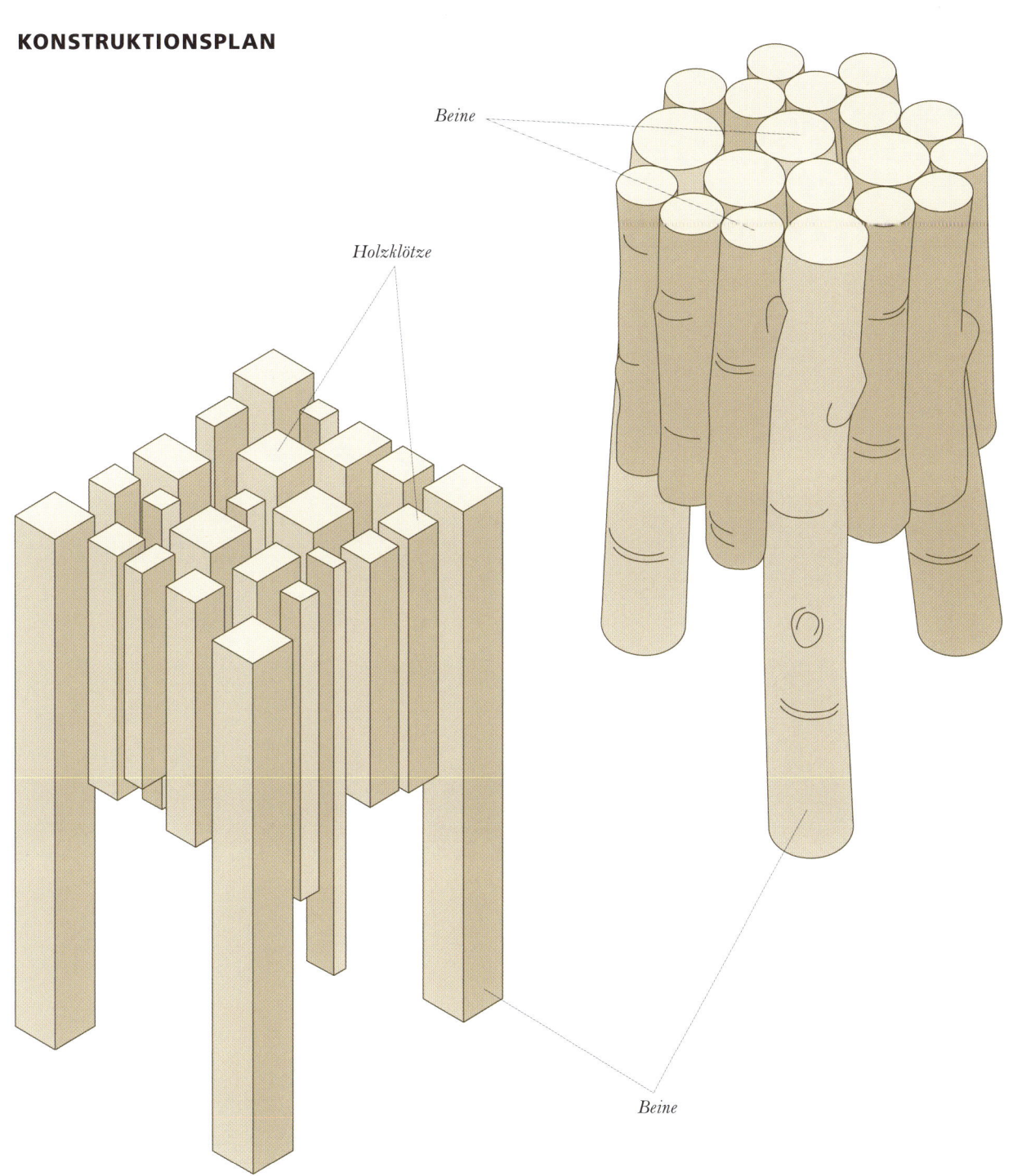

Beine

Holzklötze

Beine

TIPPS

- Bevor Sie mit dem Projekt beginnen, sollte Sie Klauenhammer, Schraubendreher, Nägel, Schrauben und Holzleim griffbreit legen. Der Hocker gelingt erfahrungsgemäß am besten, wenn Sie die Arbeit nicht zwischendurch unterbrechen müssen.

• **SCHRITT 3**

Beim Auftragen des Holzleims sollten Sie auf einer Unterlage arbeiten, da der Leim tropfen kann. Tragen Sie außerdem Gummihandschuhe, um Hautirritationen zu vermeiden.

Um das Eindrehen der Schrauben zu erleichtern, sollten Sie die Löcher vorbohren: zuerst mit dem 10-mm-Bohrer (bohren Sie 10 mm tief) und danach mit dem 4-mm-Bohrer ganz durch das Holz.

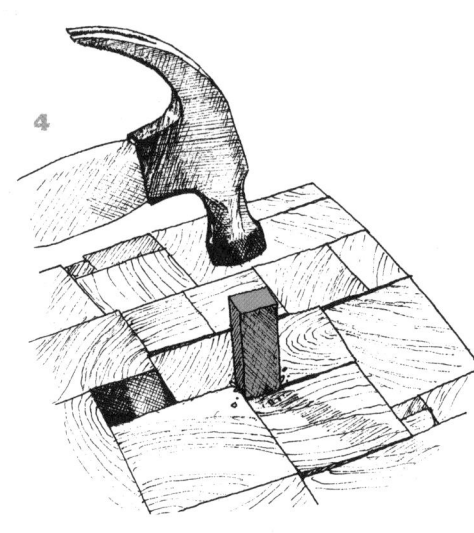

3 Beginnen Sie mit einem Bein und nehme Sie das Puzzle auseinander. Arbeiten Sie dann Stück für Stück: tragen Sie Holzleim auf und schrauben oder nageln Sie die Klötze zusätzlich aneinander fest, während der Leim trocknet. Am einfachsten lässt sich der Hocker zusammensetzen, wenn die Werkstücke auf der Seite liegen. Versuchen Sie die Sitzfläche-Enden möglichst bündig zu halten. Beim Befestigen der Beine sorgen Schrauben für bessere Stabilität, die kleineren Stücke können jedoch mit Nägeln besser fixiert werden.

4 Wenn Sie den Hocker zusammengesetzt haben, drehen Sie ihn um und stellen ihn aufrecht. In der Oberfläche werden nun höchstwahrscheinlich einige Lücken zu sehen sein. Suchen Sie einfach in Ihrem Restholzstapel nach passenden Füllstücken und schneiden Sie diese wenn nötig mit dem Fuchsschwanz auf Länge oder tragen Sie überschüssige Millimeter mit der Surform-Raspel ab. Die Stücke sollten möglichst fest sitzen. Geben Sie eine kleine Menge Leim in das Loch und schlagen Sie das Füllstück vorsichtig mit dem Klauenhammer hinein – es kann ruhig etwas hervorstehen. Lassen Sie den Holzleim über Nacht trocken.

5 Am nächsten Tag sollten Sie einen trockenen, stabilen Hocker vorfinden, den Sie nun aufbereiten können. Zunächst stutzen Sie eventuell hervorstehende Füllstücke mit dem Fuchsschwanz bündig mit der Hockeroberfläche. Legen Sie dafür das Sägeblatt flach auf die Oberfläche auf.

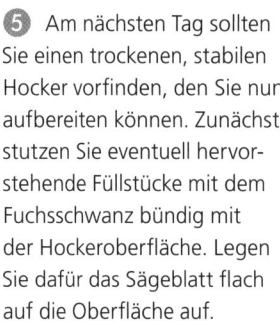

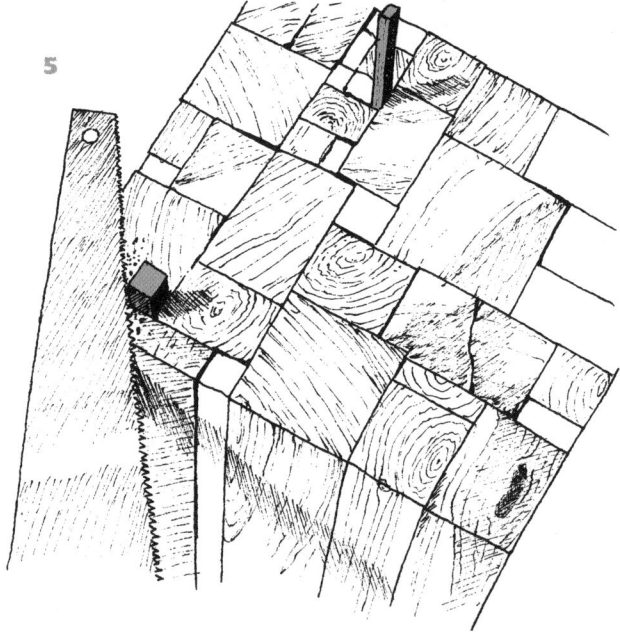

6 Ein Schwingschleifer wird Ihnen jetzt sehr gute Dienste leisten – wenn Sie keinen zur Verfügung haben, geht die Arbeit jetzt erst richtig los. Schleifen Sie die Hockeroberfläche mit Sandpapier ab (erst 80er, dann 120er Körnung), um Leimreste, scharfe Kanten und Splitter zu entfernen.

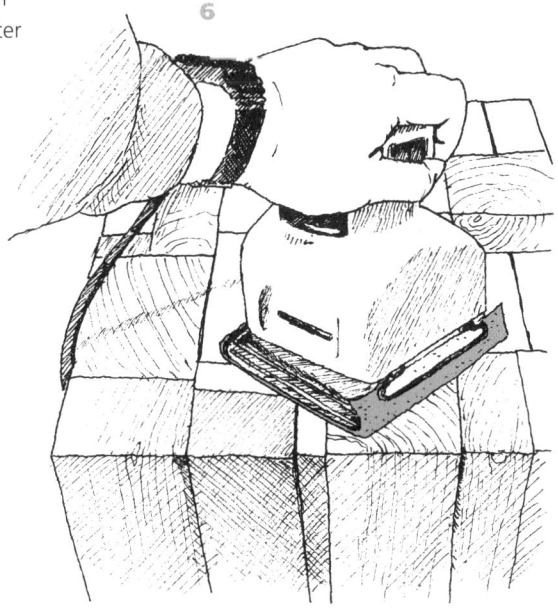

ALTERNATIVES PROJEKT

Sie können den Hocker mit derselben Anleitung auch aus Stämmen und Ästen bauen – allerdings ist das Holz dann recht feucht und nimmt keine Oberflächenbehandlung an, Sie sollten es also im natürlichen Zustand belassen.

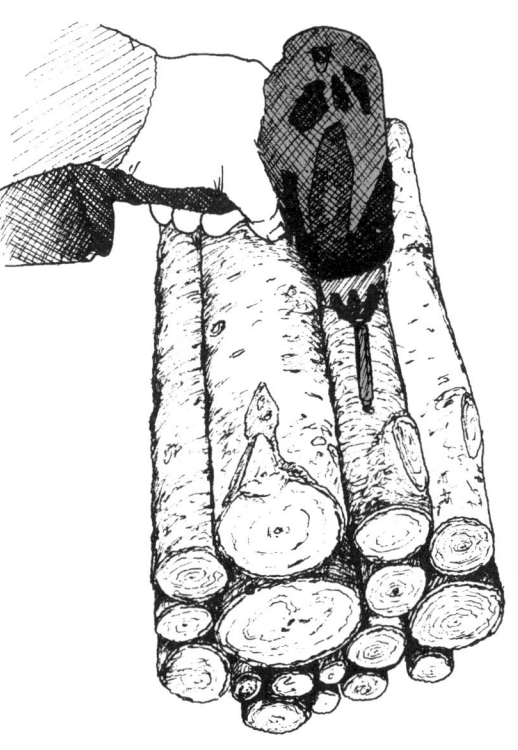

TIPPS

- **SCHRITT 6**

  Schleifen ist kein Vergnügen, aber je mehr Mühe Sie investieren, desto schöner wird der fertige Hocker aussehen. Die meisten Holzleimarten nehmen keine Lasur an und können so hässliche Flecken auf der Oberfläche hinterlassen – sie sollten also vor dem Auftragen von Lasur oder Holzöl unbedingt alle Leimreste wegschleifen.

  Tragen Sie beim Schleifen immer eine Staubmaske, egal ob Sie manuell oder mit dem Schwingschleifer arbeiten.

  Die Wahl der Oberflächenbehandlung richtet sich danach, wo und wie der Hocker eingesetzt werden soll. Für den Außengebrauch eignet sich ein witterungsbeständiger Hochglanzlack oder ein Holzöl. Wenn Sie beim Schleifen nicht ganz so erfolgreich waren, verwenden Sie am besten eine farbige Beize – so hebt sich der Hocker von seiner Umgebung ab.

*Der fertige
Holzklotz-Hocker.*

(A) *Die Stämme für die
Sitzfläche können ungefähr
gleichlang sein oder
verschiedene Längen haben.*

(B) *Beim Zusammenfügen
der Holzklötze sollten Sie
darauf achten, dass Farben
und Maserungen ein schönes
Gesamtbild ergeben.*

(C) *Der Hocker wirkt
besonders interessant, wenn
Sie Klötze in verschiedenen
Längen verwenden.*

(D) *Achten Sie auf bündige
Außenkanten – so wirkt der
Hocker ordentlich und solide.*

SCHATZ-
TRUHE

Ich werde oft darum gebeten, Möbelstücke
als Aufbewahrungslösungen zu bauen.
Egal ob für draußen oder für den
Innenbereich – es gibt immer Dinge zu
verstauen. In dieser Schatztruhe lassen
sich jede Menge Spielzeug, Brettspiele
oder Zeitschriften unterbringen und
sie ist bei Kindern besonders beliebt.
Wenn Sie die Truhe für Ihre Kinder
anfertigen, können diese sie für ein ganz
individuelles Erlebnis gemeinsam mit
Ihnen anstreichen. Eine einfachere Version
der Truhe lässt sich mit einem flachen
Deckel herstellen – so dient das Möbelstück gleichzeitig als Sitzgelegenheit –
allerdings ist der typisch geschwungene
Schatztruhen-Deckel etwas Besonderes.

BENÖTIGTE WERKZEUGE

Bandmaß und Bleistift

Fuchsschwanz

Schere

Handbohrmaschine
mit 2-mm-, 4-mm- und
2-cm-Bohrern

Schraubendreher

Klauenhammer

Surform-Raspel

Zollstock

Sandpapier
(120er Körnung)

NÜTZLICHE HELFER

Stichsäge

Schwingschleifer

ZUBEHÖR

Holzschrauben, Nägel

Scharniere und Gliederkette

Holzleim

Bindfaden

Blatt Papier

**ZUSCHNITTLISTE
(BEISPIEL)**

2 Bretter,
2,5 × 55 × 86 cm
(für Vorder- und Rückwand)

2 Bretter
2,5 × 55 × 56 cm
(für die Seitenwände)

Bretter, 3 cm
mehrere verschiedene
Längen (für die Leisten)

9 Bretter,
2,5 × 7 × 86 cm
(für die Deckel-Latten)

2 Bretter,
2 × 7,5 × 90 cm
(für die Sockelleisten)

2 Bretter,
2 × 7,5 × 61 cm Bretter
(für den Sockel)

1 Brett,
6 mm × 56 cm × 81 cm
(für den Boden)

MATERIALAUSWAHL

Die Abmessungen der Truhe richten sich nach dem Ihnen zur Verfügung stehenden Holz. Sämtliches Material meiner Truhe (Abmessungen: 46 × 61 × 86 cm) stammt aus einem alten Kleiderschrank aus Kiefernholz. Vorder- und Rückwand sind aus den Schranktüren entstanden, die Seitenwände (die für den gewölbten Deckel etwas höher als Vorder- und Rückwand sein müssen) aus einer Schrankseite – die andere Schrankseite lieferte das Material für den Deckel. Die Latten sollten etwa 2,5 cm dick und relativ schmal (etwa 7 cm) sein, damit sie eng an der gewölbten Oberkante der Seitenwände anliegen. Die 6 mm dicke Rückwand des Schrankes eignet sich perfekt als Truhenboden.

Damit der Truhendeckel geöffnet und geschlossen werden kann, müssen Sie Scharniere anbringen. Ich empfehle die Verwendung von Messingscharnieren (ca. 7,5 cm), da diese wetterbeständig und leicht anzubringen sind. Eine Kette fixiert den Deckel, damit dieser beim Öffnen nicht nach hinten umschlägt und die Scharniere beschädigt.

Arbeitsschritte

❶ Begutachten Sie Ihr Material und fertigen Sie eine grobe Zeichnung der Truhe an, die Sie damit bauen möchten. Erstellen Sie anhand der Zeichnung Ihre individuelle Zuschnittliste – Sie können sich dabei an den Angaben für dieses Projekt orientieren. Gehen Sie Ihre Liste Stück für Stück durch und markieren Sie mit Bandmaß und Bleistift die entsprechenden Abmessungen auf dem Holz.

❷ Schneiden Sie mit dem Fuchsschwanz zunächst Vorder- und Rückwand der Truhe zu. Stellen Sie sicher, dass jede Wand vier rechte Winkel hat und messen Sie dann den Abstand zwischen der oberen rechten und der unteren linken Ecke. Danach messen Sie den Abstand zwischen oberer linker und unterer rechter Ecke – die Maße sollten identisch sein.

Fortsetzung

KONSTRUKTIONSPLAN

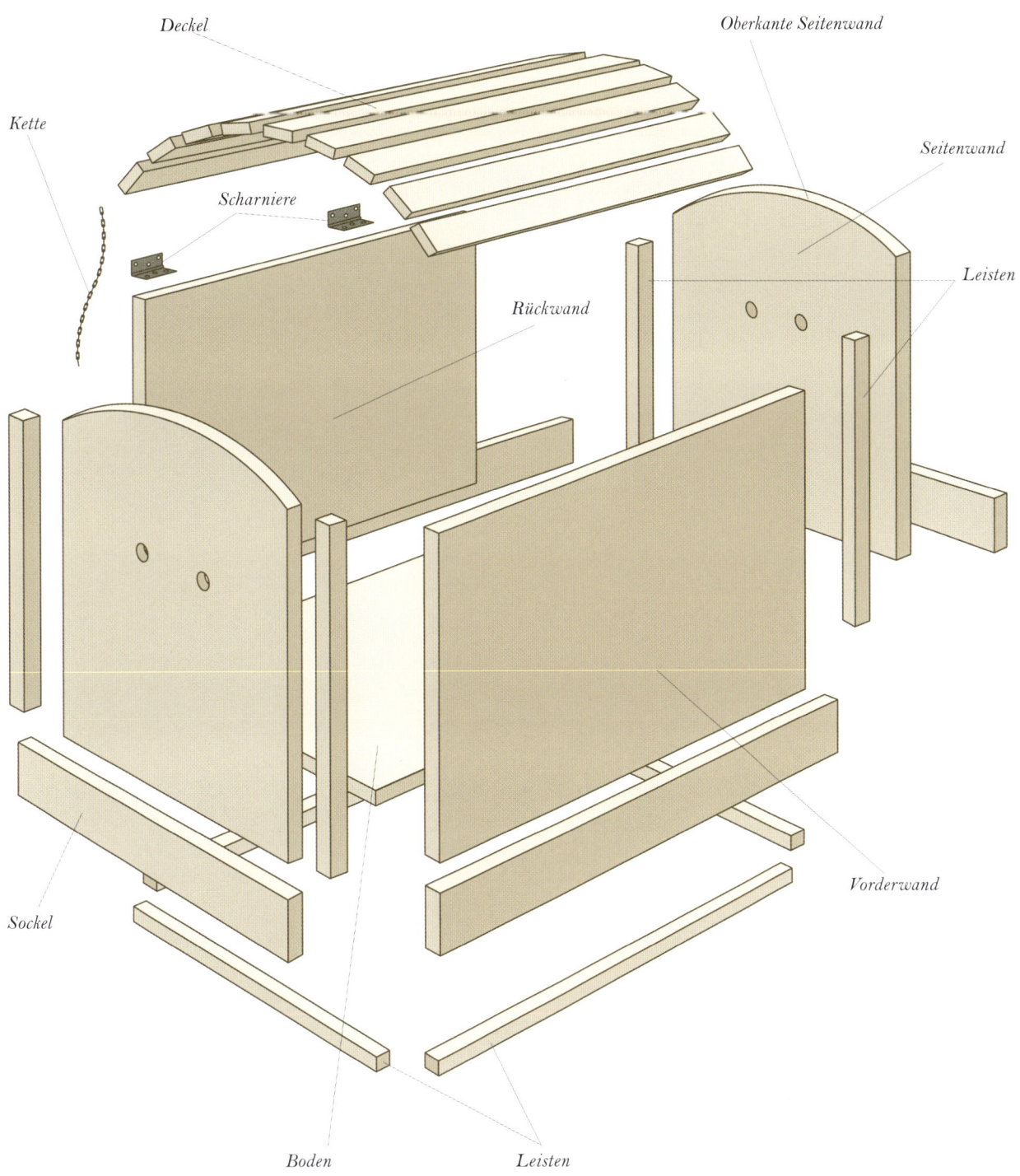

Deckel

Oberkante Seitenwand

Kette

Seitenwand

Scharniere

Rückwand

Leisten

Sockel

Vorderwand

Boden

Leisten

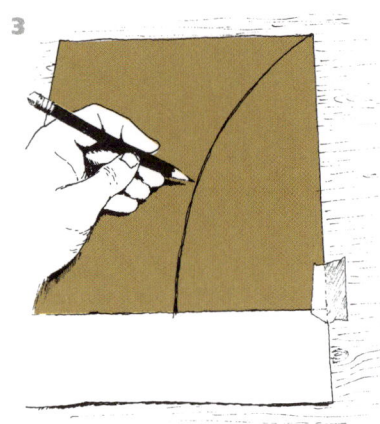

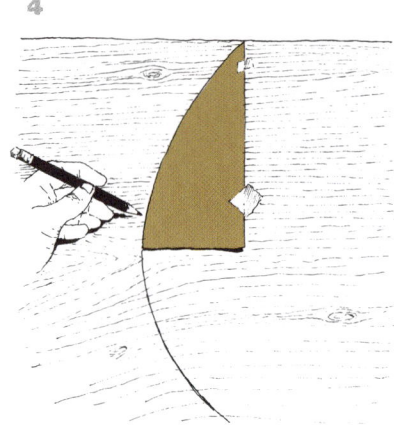

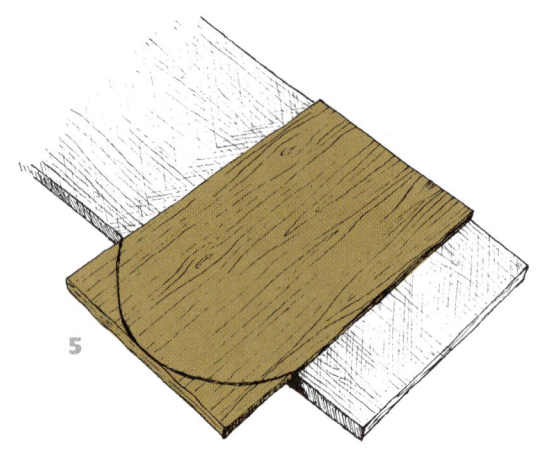

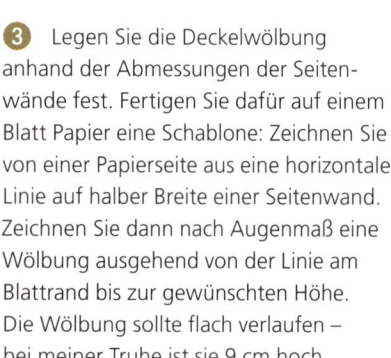

3 Legen Sie die Deckelwölbung anhand der Abmessungen der Seitenwände fest. Fertigen Sie dafür auf einem Blatt Papier eine Schablone: Zeichnen Sie von einer Papierseite aus eine horizontale Linie auf halber Breite einer Seitenwand. Zeichnen Sie dann nach Augenmaß eine Wölbung ausgehend von der Linie am Blattrand bis zur gewünschten Höhe. Die Wölbung sollte flach verlaufen – bei meiner Truhe ist sie 9 cm hoch.

4 Wenn die Wölbung Ihren Vorstellungen entspricht, schneiden Sie die Form mit der Schere aus und verwenden die Schablone, um die Wölbung auf die Seitenwände zu übertragen. Zeichnen Sie mit Bleistift entlang der Form und drehen Sie dann die Schablone um, um die zweite Hälfte der Wölbung zu übertragen. Heben Sie die Schablone zur späteren Verwendung auf.

5 Legen Sie eine Vorderwand (oberes Ende) an das untere Ende der auf der Seitenwand angezeichneten Markierung. Halten Sie die Werkstücke in dieser Position und markieren Sie am unteren (geraden) Ende der Seitenwand die Länge bündig mit der Seitenkante der Vorderwand. Wiederholen Sie dies mit der zweiten Seitenwand. Nun können Sie die Seitenwände zuschneiden – das gewölbte Ende lässt sich am besten mit der Stichsäge ausschneiden.

6 Nun fertigen Sie vier 3 x 3 cm starke Leisten, um die vier Wände zusammensetzen zu können. Die Länge der Leisten entspricht der Höhe von Vorder- und Rückwand. Bohren Sie mit dem 4mm-Bohrer jeweils ein Paar Löcher an zwei angrenzenden Leistenseiten vor – das erste Loch 4 cm unter der Oberkante der Leiste, das zweite auf der angrenzenden Seite 6 cm unter der Oberkante. Setzen Sie aller 10 cm (gemessen vom unteren Loch) weitere Bohrlochpaare. Die versetzten Löcher werden in Schritt 12 dafür sorgen, dass die Löcher außerhalb der Schnittlinie positioniert sind.

7 Tragen Sie entlang der Vorderkanten der Leisten Holzleim auf und bringen Sie die Leisten an der Innenkante der Seitenwände vertikal an. Legen Sie die Seitenwand flach auf den Boden, so dass die Innenseite nach oben zeigt. Tragen Sie für jede Seitenwand Holzleim auf die anliegende Leistenseite auf und fixieren Sie die Leisten zusätzlich mit Holzschrauben. Die Seitenwände sollten bündig mit den Seiten- und Unterkanten der Rückwand liegen. Tragen Sie Holzleim auf die Leiste auf und legen Sie dann die Vorderwand auf die offenen Enden der Seitenwände und fixieren Sie sie mit Holzschrauben.

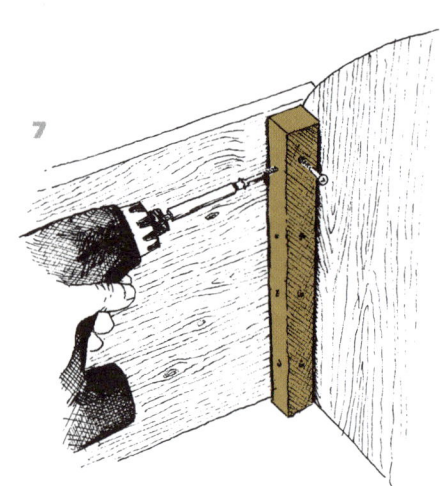

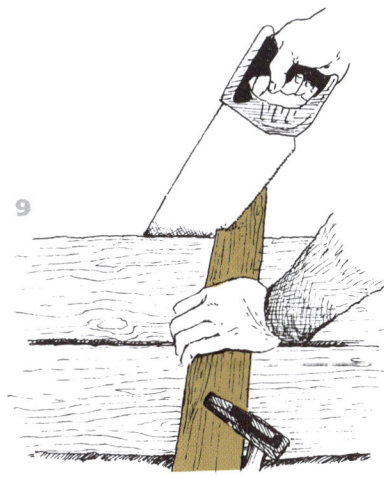

8 Nun werden die Leisten rund um die Innenseite der Wände angenagelt – jeweils bündig mit der Unterkante. Messen und markieren Sie die Länge der vorderen und hinteren Leiste, schneiden Sie sie mit dem Fuchsschwanz zu und nageln Sie sie mit dem Klauenhammer an. Wiederholen Sie diese Schritte mit den Seitenleisten. Lassen Sie den Leim trocknen.

9 Fertigen Sie in der Zwischenzeit die Latten für den Deckel. Verwenden Sie die Papierschablone, um die benötigte Lattenanzahl und -breite zu bestimmen. Zeichnen Sie verschiedene Breiten auf die Schablone, um zu testen, wie die Latten am besten die Wölbung ausfüllen. Die Länge der Latten entspricht der Länge der Vorderwand. Messen und markieren Sie Länge und Breite der Latten und schneiden Sie sie mit dem Fuchsschwanz zu. Meine Latten sind 7 cm breit und 86 cm lang.

10 Glätten Sie die Schnittkanten der Latten mit der Surform-Raspel. Schrägen Sie dabei die Kanten leicht ab, damit sie besser aneinanderpassen. Wenn Sie alles richtig gemacht haben, wird die Oberseite der Latten etwas breiter als die Unterseite sein.

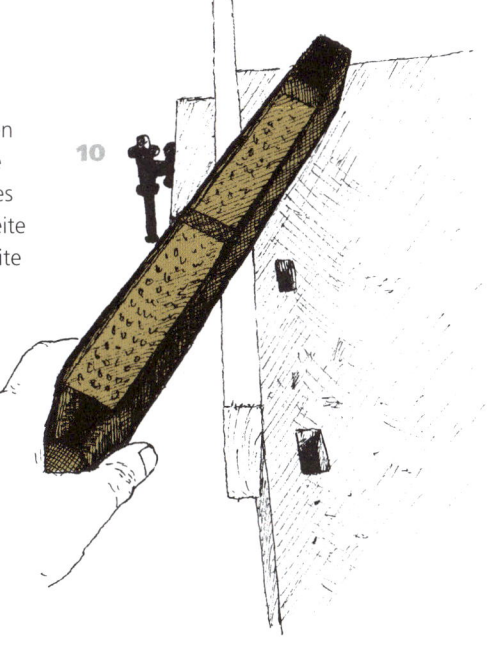

Fortsetzung

TIPPS

- **SCHRITT 5**

Die Wölbung lässt sich am einfachsten mit der Stichsäge in die Seitenwände schneiden. Wenn Sie nur mit dem Fuchsschwanz arbeiten, sägen Sie stattdessen die Ecken neben den Bleistiftmarkierungen nach und nach ab, bis die Form annähernd hergestellt ist. Verwenden Sie dann die Surform-Raspel, um die Wölbung zu glätten.

- **SCHRITT 7**

Halten Sie einen feuchten Lappen bereit, um überschüssigen Leim abzuwischen, bevor er trocknet.

- **SCHRITT 9**

Wenn Sie die Latten mit dem Fuchsschwanz zuschneiden, sollten Sie mit langen, langsamen Bewegungen sägen, um die langen, dünnen Latten nicht zu beschädigen.

Wenn Sie eine Stichsäge verwenden, achten Sie auf das Kabel und Ihre Finger und tragen Sie eine Schutzbrille und Staubmaske.

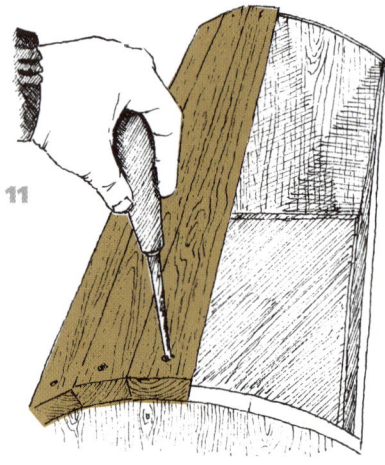

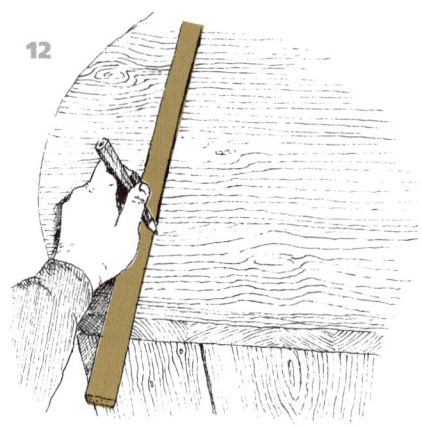

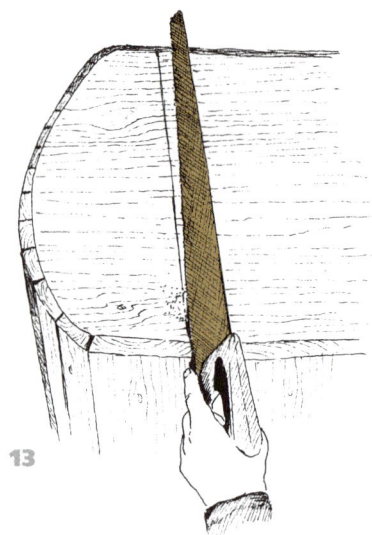

⓫ Bohren Sie 4-mm-Löcher in die Lattenenden, so dass sie mittig über den Kanten der Seitenwände liegen. Wenn der Korpus trocken ist, beginnen Sie an der Vorderseite der Wölbung und schrauben jede Latte mit Holzschrauben fest. Achten Sie darauf, die Latten so anzubringen, dass die etwas breitere Seite nach oben zeigt.

⓬ Nun können Sie die Oberseite der Truhe aufschneiden. Messen Sie an mehreren Stellen 12 cm vom unteren Abschluss der Wölbung nach unten und zeichnen Sie mit dem Zollstock eine Linie an allen vier Seiten an. Diese Höhe vermeidet, dass Sie in eine der Schrauben in den seitlich angebrachten Leisten sägen.

⓭ Dies ist eine der wenigen Situationen, in denen der Fuchsschwanz die bessere Wahl ist als die Stichsäge, denn der Schnitt sollte so gerade wie möglich verlaufen. Folgen Sie der Bleistiftlinie und sägen Sie langsam rings um die Truhe. Schleifen Sie die Schnittkanten mit Sandpapier (120er Körnung) flach und glatt.

⓮ Nun können Sie den Truhenboden einsetzen. Legen Sie die Platte auf den Boden und setzen Sie die Truhe darauf. Zeichnen Sie dann mit Bleistift die Truhenform entlang der Wandinnenkanten auf dem Holz an. Da die Leisten im Weg sind, müssen Sie deren Breite noch dazu addieren. Schneiden Sie das Bodenstück mit dem Fuchsschwanz zu. Danach sägen Sie die Ecken so ein, dass der Boden um die seitlichen Leisten passt. Legen Sie den Boden dann durch die obere Öffnung in die Truhe, so dass er auf den horizontalen Leisten aufliegt. Sie können den Boden mit ein paar Nägeln befestigen, dies ist jedoch nicht unbedingt notwendig.

⓯ Damit die Schatztruhe besonders robust wirkt, bringen Sie rings um die Unterkante Sockelleisten an. Die Größe können Sie beliebig variieren – ich habe 2 x 7,5 cm Bretter verwendet. Schneiden Sie zwei Bretter in der Länge der Seitenwandbreite zu und befestigen Sie sie mit Holzleim und Nägeln an der Truhe. Dann messen Sie die Truhenlänge samt der Sockelleisten aus, schneiden zwei Bretter auf diese Länge und bringen sie auf die gleiche Weise an.

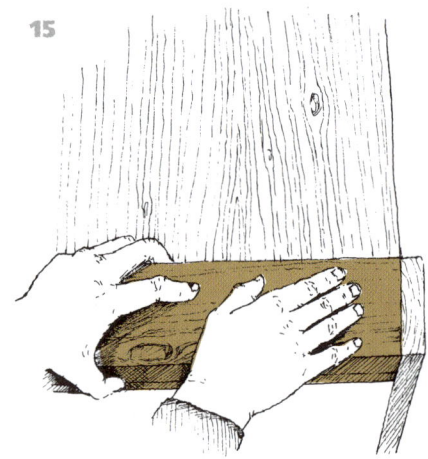

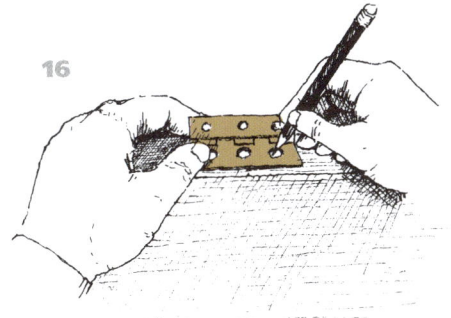

16 Um die Position der Scharniere zu bestimmen, messen Sie etwa 9 cm von jeder Seite der hinteren Deckelkante nach innen und markieren dort eine Bleistiftlinie. Messen Sie dann die Breite des Scharniers und setzen Sie eine weitere Linie. Setzen Sie das Scharnier mit dem Stift nach außen zeigend zwischen diese Linien und zeichnen Sie mit Bleistift auf dem Holz um die Scharnierlöcher. Bohren Sie dann mit dem 2mm-Bohrer Löcher für die Scharnierschrauben vor. Wiederholen Sie diesen Vorgang entlang der hinteren Kante des Truhenkorpus.

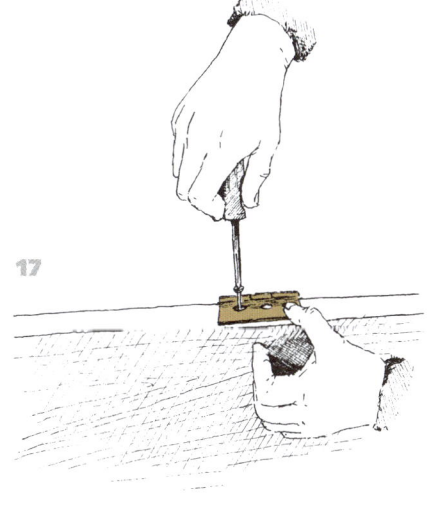

17 Schrauben Sie die Scharniere am Deckel fest und halten Sie sie an die Löcher im Korpus (lassen Sie sich hierbei eventuell helfen). Schrauben Sie dann die Scharniere an.

TIPP

● **SCHRITT 19**

Wenn die Truhe fertiggestellt ist, sollten Sie eine geeignete Oberflächenbehandlung wählen. Wenn Sie keinen farbigen Anstrich möchten und schönes Holz verwendet haben, können Sie einfach einige Schichten Lack für den Außengebrauch auftragen.

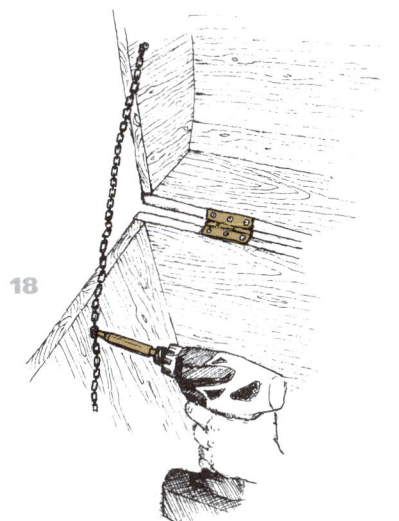

18 Damit der schwere Deckel beim Öffnen nicht zu weit zurückklappt und die Scharniere beschädigt, bringen Sie an der oberen Truheninnenseite (mit 7,5 cm Abstand zur Rückwand auf der linken Seite) mit einer Schraube ein Stück Kette an. Halten Sie den Deckel offen und schrauben Sie das andere Kettenende in der Korpusmitte fest.

19 Damit sich die Truhe besser transportieren lässt, bringen Sie nun noch Tragegriffe an. Bohren Sie jeweils zwei 2cmLöcher in die Seitenwände – 7,5 cm unter der Oberkante der Öffnung und mit 10 cm Abstand. Fädeln Sie den Bindfaden durch jedes Paar Löcher und verknoten Sie die Enden auf der Truheninnenseite.

Die fertige Schatztruhe.

(A) *Die Latten liegen dicht aneinander und folgen der Wölbung des Deckels.*

(B) *Die Sockelleisten lassen die Truhe robuster wirken.*

(C) *Die Vorder- und die Rückseite des Deckels werden aus Vorder- und Rückwand des Korpus gefertigt.*

(D) *Die Latten müssen einheitlich lang sein, um einen bündigen Abschluss zu ergeben.*

(E) *Bestimmen Sie die Kettenlänge mit offenem Deckel.*

(F) *Die Scharnierstifte stehen an der hinteren Truhenseite etwas hervor.*

BILD-SCHÖNES RAHMEN-REGAL

Dieses Projekt eignet sich perfekt dafür, triste Wände zu verschönern. Sie können in den Rahmenfächern schöne Sammelstücke, Dekorationen oder sogar Pflanzen unterbringen. Egal was Sie darin platzieren, dieses Regal wird wie eine kleine Galerie wirken und seinen Inhalt perfekt zur Geltung bringen. An meinem Regal habe ich zusätzlich im Rahmen in der Mitte eine Tafelfläche angebracht, auf die Notizen oder kurze Nachrichten geschrieben werden können. Sie können in einem Rahmen auch einen Spiegel anbringen, um dem Regal eine zusätzliche Dimension zu verleihen, oder in einem Rahmen das Glas stehenlassen und darin einen Kunstdruck oder ein Foto präsentieren.

BENÖTIGTE WERKZEUGE

Bandmaß und Bleistift

Klauenhammer

Fuchsschwanz

Schraubzwinge

Winkelmesser (optional)

Handbohrmaschine mit
4-mm- und 8-mm-Bohrer

Schraubendreher

NÜTZLICHE HELFER

Stichsäge

Akku-Bohrschrauber

ZUBEHÖR

Nägel

Holzleim

Holz- und Metallschrauben

ZUSCHNITTLISTE

mehrere Bilderrahmen

1 Sperrholzplatte,
6 mm × 117 cm × 127 cm
(für die Rückwand)

zusätzliches Sperrholz
für den Mittelrahmen
(optional)

2 Bretter,
2,5 × 4 × 20 cm
(für die Seiten der Schneidlade, optional)

1 Brett,
2,5 × 10 × 20 cm
(für den Boden der Schneidlade, optional)

Bretter und Leisten
verschiedener Längen
(um die Rahmen selbst zu
fertigen, optional)

Bretter verschiedener
Längen,
1 × 6 cm
(für die Rahmenboxen)

MATERIALAUSWAHL

Vor diesem Projekt habe ich einige Wochenenden auf Floh- und Antiquitätenmärkten verbracht und dort Bilderrahmen verschiedener Größen erworben. Für das Regal bietet sich ein großer Rahmen als Mittelstück an – so wirkt das Regal ausgewogen und das Gewicht wird beim Aufhängen an die Wand optimal verteilt. Am besten wählen Sie zuerst den großen Rahmen aus und suchen dann kleinere Stücke, die optisch gut zum Mittelstück passen – die Anordnung kann beliebig erfolgen. Solange die Rahmen stabil sind, müssen Sie sich über den Zustand der Oberflächen keine Gedanken machen – Sie können entweder das komplette Regal oder einzelne Rahmen in einer oder mehreren Farben streichen – alternativ kombinieren Sie Farbe, unbehandelte Rahmen und verschiedene Beizen für ein ganz individuelles Ergebnis.

Sie können die Rahmen auch selbst herstellen, wenn Sie die passenden Größen nicht gefunden haben oder noch ein oder zwei zusätzliche Stücke brauchen. Wählen Sie dafür entweder Leisten in interessanten Formen oder eckige Bretter. Um aus den Rahmen Boxen zu gestalten, benötigen Sie etwa 1 cm dicke Bretter. Ich habe dafür alte Weinkisten auseinandergenommen – das Holz ist leicht und eignet sich daher besonders gut für das Regal. Die Weinkistenbretter habe ich in gleich große Streifen mit 6 cm Breite geschnitten – dies ist ausreichend breit, um kleinere Objekte abzustellen. Nun benötigen Sie nur noch eine Sperr- oder Pressholzplatte für die Rückwand des Regals und für das Mittelstück. Letzteres habe ich mit Tafelfarbe behandelt, Sie können es aber auch in einem beliebigen Farbton streichen.

Arbeitsschritte

1 Entfernen Sie sämtliche Bilder, Rückwände, Glasscheiben und Nägel aus den Rahmen. Wenn Sie einen Rahmen als Tafel gestalten möchten, legen Sie den Rahmen auf 6 mm starkes Sperrholz, zeichnen Sie die Rahmenumrisse auf dem Holz an und schneiden Sie das Holz mit dem Fuchsschwanz zu. Fixieren Sie die Platte mit kleinen Nägeln entlang der Kanten am Rahmen.

2 Wenn Sie genügend alte Bilder-rahmen haben, gehen Sie gleich zu Schritt 6 über. Wenn nicht, können Sie ganz einfach zusätzliche Rahmen anfertigen. Dafür bauen Sie zunächst eine Gehrungs-schneidlade (falls Sie noch keine besitzen). Leimen oder nageln Sie zwei 2,5 × 4 × 20 cm Bretter (die Seiten der Schneidlade) auf die Längskanten eines 2,5 × 10 × 20 cm Brettes (der Boden der Schneidlade).

KONSTRUKTIONSPLAN

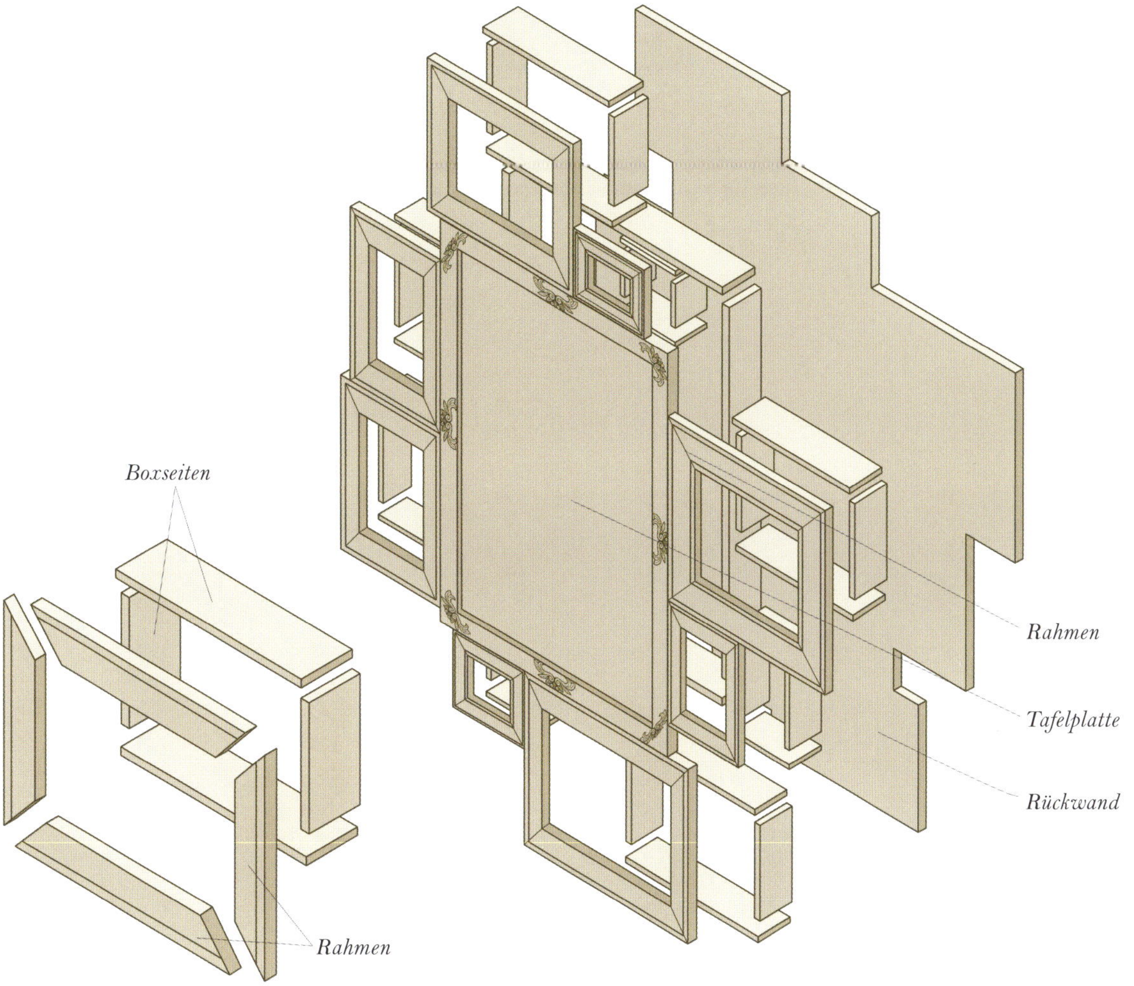

Boxseiten

Rahmen

Rahmen

Tafelplatte

Rückwand

2

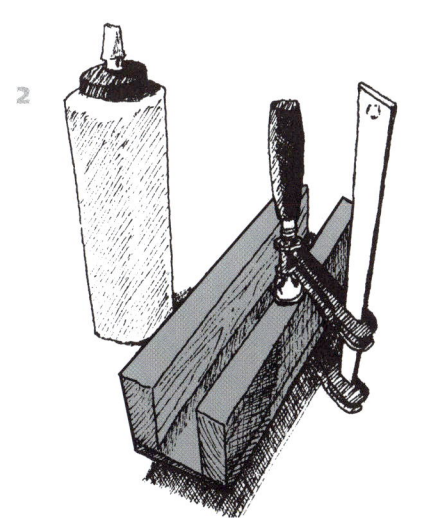

❸ Wenn der Leim trocken ist, verwenden Sie entweder den Winkelmesser oder die 45-Grad-Markierung auf dem Fuchsschwanz, um zwei entgegengesetzte 45-Grad-Winkel mit 5 cm Abstand zueinander zu markieren. Setzen Sie dann mit dem Fuchsschwanz zwei exakt vertikale Schnitte entlang der Markierungen bis zum Schneidladenboden.

Fortsetzung

3

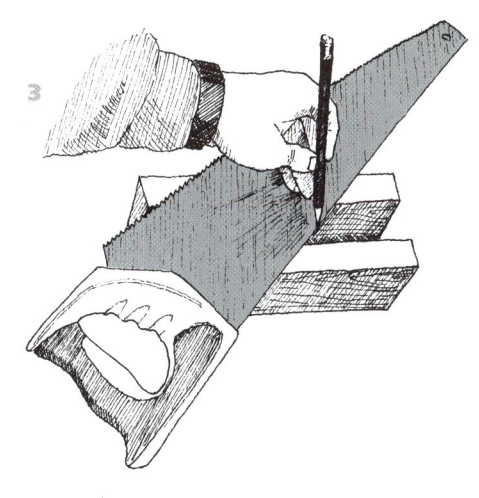

TIPPS

● SCHRITT 4

Beim Zuschneiden von Gehrungen passiert es schnell, dass in die falsche Richtung abgewinkelt wird. Um Fehler zu vermeiden, sollten Sie die Schnitte zunächst auf dem Holz anzeichnen und dann erneut messen, um sicherzustellen, dass die geschnittene Leiste nicht zu kurz sein wird.

● SCHRITT 5

Beim Zusammenleimen und -nageln der Rahmenseiten sollten Sie sich entweder helfen lassen oder die Werkstücke mit einer Schraubzwinge fixieren.

● SCHRITT 9

Fixieren Sie das Werkstück gut, bevor Sie Sperrholz mit der Stichsäge zuschneiden.

Tragen Sie beim Sägen von Sperrholz immer eine Schutzbrille und Staubmaske.

④ Nun können Sie die Leisten für die Rahmen in die Schneidlade legen und die Gehrungen an den Enden exakt zuschneiden. Achten Sie darauf, dass die Gehrungsschnitte in die richtige Richtung zeigen – beim Zusammenbauen sollte ein rechter Winkel entstehen (siehe Schritt 5).

⑤ Wenn Sie alle vier Rahmenteile zugeschnitten haben, tragen Sie an jeder Schnittkante etwas Holzleim auf und fixieren Sie jede Verbindung zusätzlich mit einem kleinen Nagel.

⑥ Nun stellen Sie die Boxenseiten für die Rahmenöffnungen her. Legen Sie einen Rahmen nach unten zeigend auf die Werkbank und markieren Sie die Länge der Rahmenöffnung auf einem der 1 cm dicken Bretter. Schneiden Sie das Brett mit dem Fuchsschwanz entsprechend auf Länge und wiederholen Sie den Vorgang mit der gegenüberliegenden Seite. Tragen Sie etwas Holzleim auf die Kanten beider Werkstücke auf und legen Sie diese auf den Rahmen. Treiben Sie mit dem Klauenhammer kleine Nägel durch die Vorderseite des Rahmens in die Boxseiten.

⑦ Drehen Sie den Rahmen wieder nach unten und markieren Sie die zwei verbleibenden Boxenseiten mit den eben angebrachten Stücken – die Seiten sollten sich überlappen. Schneiden Sie die Bretter mit dem Fuchsschwanz zu und nageln Sie sie wie in Schritt 6 beschrieben fest. Fixieren Sie die aneinander liegenden Kanten jeweils mit einem zusätzlichen Nagel.

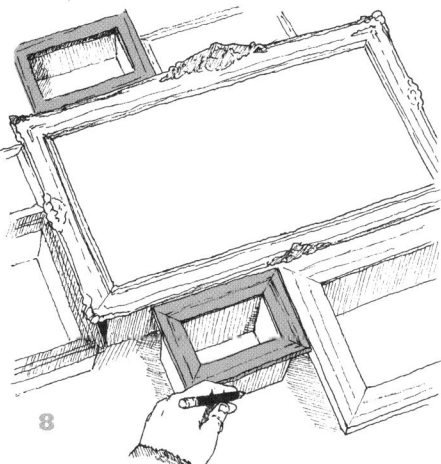

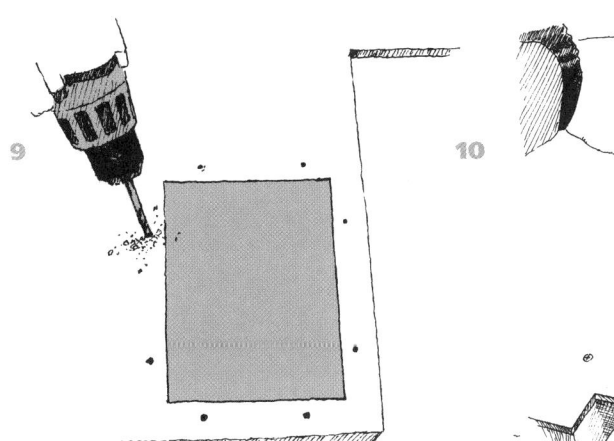

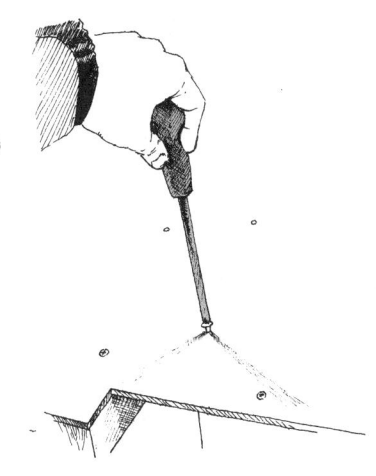

8 Nun stellen Sie die Rückwand her. Legen Sie die 6-mm-Sperrholzplatte auf den Boden und gruppieren Sie dann die Bilderrahmen in der gewünschten Anordnung – am besten wählen Sie den größten und attraktivsten Rahmen als Mittelstück. Zeichen Sie mit Bleistift entlang der Rahmenaußen- und Innenseiten und legen Sie die Rahmen beiseite.

9 Schneiden Sie entlang der Außenlinie mit Stichsäge oder Fuchsschwanz um die Rahmenformen herum. Bohren Sie dann mit dem 4-mm-Bohrer bei jedem Rahmen zwei Löcher in jede der vier Seiten – die Löcher sollen später mittig unter den 1-cm-Kanten liegen.

10 Bringen Sie nun die Rahmen an. Beginnen Sie mit dem Mittelstück und befestigen Sie die Rahmen nacheinander mit dem Schraubendreher und kleinen Holzschrauben an der Rückwand.

11 Nun braucht das Regal nur noch eine unauffällige Aufhängvorrichtung. Messen Sie von der Oberseite des Mittelstücks auf jeder Seite 10 cm nach unten, markieren Sie die Stellen an der Rückwand mit Bleistift und verbinden Sie sie horizontal mit einer Linie. Messen und markieren Sie dann jeweils 7,5 cm von den Seiten entlang der Bleistiftlinie nach innen. Bohren Sie in beide markierte Stellen ein 8-mm-Loch und gleich darüber zwei 4-mm-Löcher, so dass eine umgedrehte Schlüssellochform entsteht. Alle drei Löcher sollten sich überlappen und die kleinen Löcher liegen näher an der Rahmenoberkante. Nun können Sie passende Schrauben in der Wand anbringen. Die Schraubenköpfe gleiten durch die großen Löcher und werden mit den kleinen Löchern sicher fixiert.

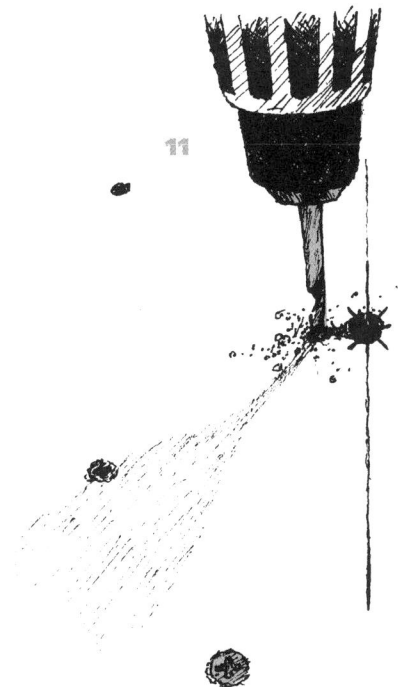

Das fertige bildschöne
Rahmenregal.

(A) *Die Aufhängungen
in Schlüssellochform eignen
sich perfekt zum Anbringen
an der Wand.*

(B) *Die graue Farbe
hebt die Rahmen schön
vom Tafelfeld ab.*

(C) *Die Mischung aus
alten und neuen Rahmen
lässt das Regal besonders
interessant wirken.*

(D) *Solange das Material
stabil ist, sind Schrammen
und Dellen unbedenklich
und verleihen wieder-
gewonnenem Holz einen
besonderen Charme.*

TISCH MIT VERSTAUMÖGLICHKEIT

Es lohnt sich, dieses Projekt umzusetzen, denn der hübsche Tisch
 ist wohlproportioniert und vielseitig
einsetzbar. Verwenden Sie ihn als
Couch- oder Kaffeetisch, für Brettspiele oder als Arbeitsunterlage.
Unter dem Deckel verbirgt sich dazu
eine geräumige Verstaumöglichkeit
für Spiele, Zeitschriften, Nähutensilien
und andere Dinge – praktischer geht
es nicht.

Handbohrmaschine mit
4-mm-, 6-mm- und 10-mm-
Bohrern

Bandmaß und 2 Bleistifte

Klauenhammer

Schraubzwinge

Stichsäge

Surform-oder Holzraspel

Sandpapier
(80er und 120er Körnung)
und Schleifblock

Flachschlitz-
Schraubendreher

Fuchsschwanz

Zollstock

NÜTZLICHE HELFER

Schwingschleifer

Akku-Bohrschrauber

ZUBEHÖR

Nägel

Holzschrauben

Holzleim

2 Scharnierbänder, 10 cm

ZUSCHNITTLISTE

1 Leiste,
1 × 2,5 × 55 cm
(für den Stangenzirkel)

2 Sperrholzplatten,
2 × 81 × 81 cm
(für Korpusoberseite und
-boden)

34 Bretter,
2 × 7,5 × 40 cm
(für die Seitenpaneele)

4 Bretter,
5 × 5 × 20 cm
(für die Füße)

1 Grobspanplatte,
2 × 91 × 91 cm
(für die Tischplatte)

MATERIALAUSWAHL

Für dieses Projekt benötigen Sie drei Platten, die groß genug für den Tischdurchmesser sind: zwei für die Oberseite und den Boden des Korpus und eine separate Tischplatte. Die Tischgröße können Sie entsprechend des Verwendungszweckes variieren. Um möglichst viel Stauraum zu schaffen, habe ich für meinen Tisch 40 cm Höhe und 90 cm Umfang gewählt. Als Tischplatte habe ich eine gebrauchte Grobspanplatte (OSB) verwendet, Sie können jedoch auch eine mitteldichte Holzfaserplatte (MDF) oder Sperrholz verwenden. Für den Korpus habe ich 2 cm starke Sperrholzplatten für den Außenbereich gewählt. Die Plattengröße orientiert sich am Tischdurchmesser minus der Breite der Seitenpaneele (zwei mal 2 cm) plus 5 cm Überhang.

Neben den Platten benötigen Sie solide Holzbretter für die Seitenpaneele. Achten Sie bei der Auswahl darauf, dass die Bretter mindestens 2 cm stark sind, denn als strukturgebende Bauteile müssen sie relativ stabil sein. Außerdem sollte die Breite passend sein, um die Rundungen des Tisches möglichst bündig einzufassen. Für meinen 90-cm-Tischdurchmesser habe ich 7,5 cm breite gebrauchte Wandpaneele verwendet – breitere Bretter würden an den Rundungen leicht abstehen. Für die Füße des Tisches benötigen Sie mindestens 5 cm breite Bretter. Für den Tischdeckel habe ich Scharnierbänder gewählt, da diese ein hübsches Detail und leicht einzubauen sind, Sie können jedoch auch andere Scharnierarten verwenden – eventuell müssen Sie dann zusätzliche Scharniere anbringen, um für ausreichend Stabilität zu sorgen.

Arbeitsschritte

❶ Um die runde Fläche der Korpusoberseite auf dem Holz zu markieren, fertigen Sie zunächst einen Stangenzirkel an – die dafür verwendete Holzleiste muss mindestens 7,5 cm länger als der gewünschte Tischdurchmesser sein. Bohren Sie ein Loch in ein Leistenende und stecken Sie den Bleistift hinein. Berechnen Sie den Radius der Korpusoberseite wie folgt: die Hälfte des Tischplattendurchmessers minus der Dicke der Seitenpaneele (ich habe 2 cm starke Bretter verwendet) plus 2,5 cm Überhang. Verwenden Sie das Bandmaß und den zweiten Bleistift, um den errechneten Radius von der Stangenzirkel-Bleistiftspitze zu markieren und setzen Sie an diese Stelle einen kleinen Nagel.

KONSTRUKTIONSPLAN

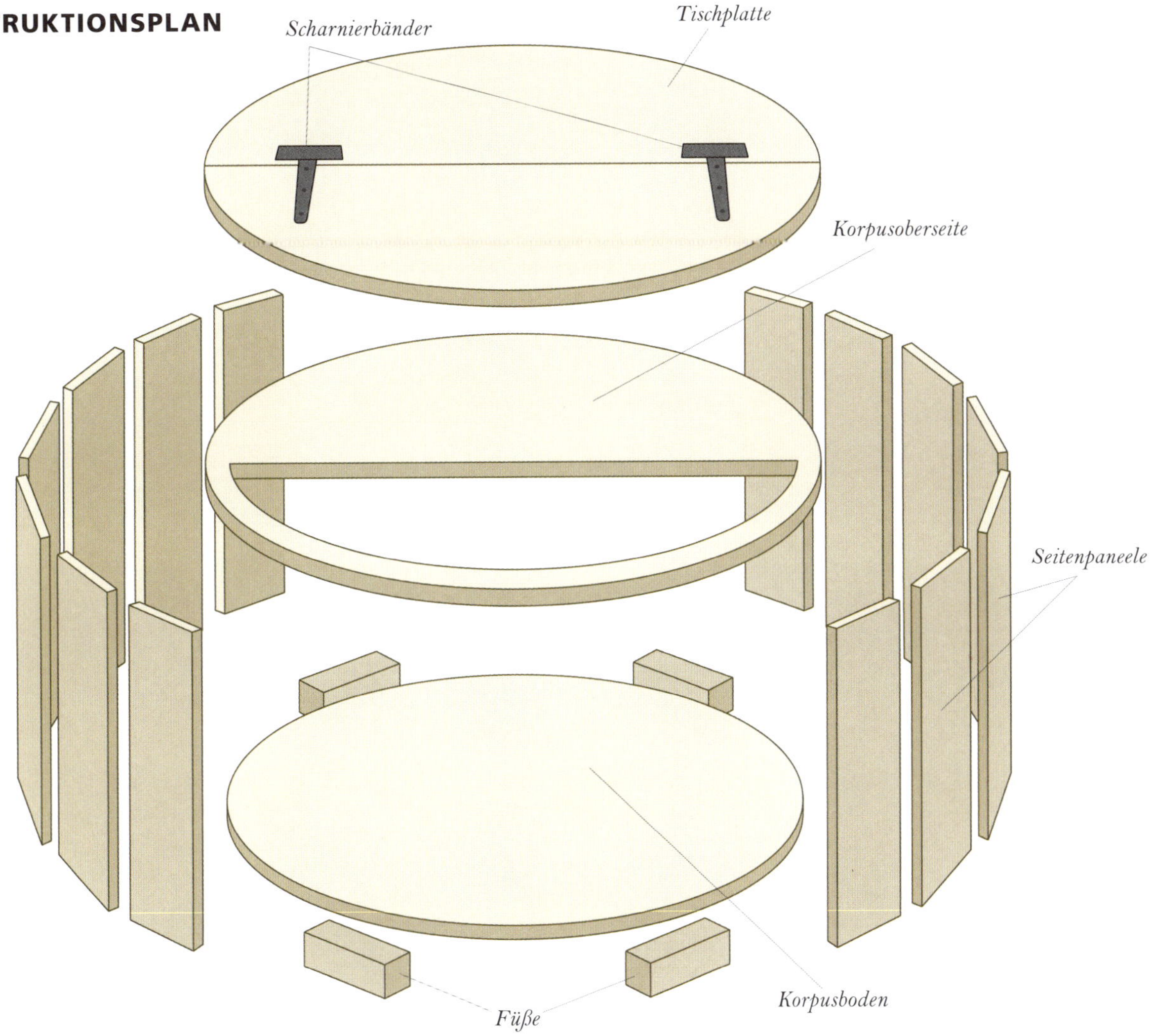

Scharnierbänder

Tischplatte

Korpusoberseite

Seitenpaneele

Füße

Korpusboden

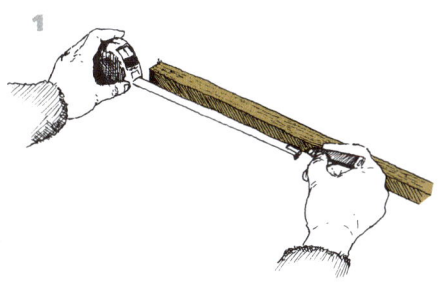

2 Setzen Sie den Stangenzirkelnagel in die Mitte des Korpusoberseite-Werkstücks und klopfen Sie ihn leicht an. Ziehen Sie mit dem Bleistiftende einen Kreis und wiederholen Sie den Vorgang mit dem Korpusboden-Werkstück. Heben Sie den Stangenzirkel für die Tischplatte auf.

Fortsetzung

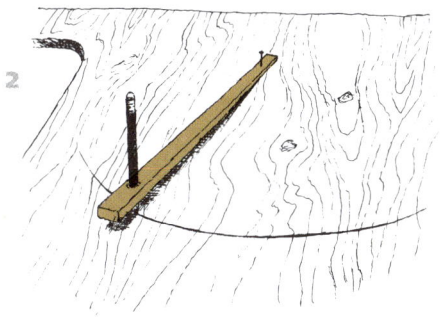

TIPPS

SCHRITT 3

Tragen Sie bei der Arbeit mit der Stichsäge eine Schutzbrille und Staubmaske und achten Sie auf Kabel und Finger.

SCHRITT 5

Damit die Kreise exakt aufeinanderpassen, sollten Sie die Markierungen auf beiden Werkstücken wie folgt setzen: eine Linie für die erste Markierung, zwei für die zweite, drei für die dritte und vier Striche für die vierte Markierung.

SCHRITT 6

Um zu bestimmen, wie viele Paneele Sie benötigen, zeichnen Sie an der Kreiskante eine Bleistiftlinie, legen ein Paneel an die Linie an und markieren die Breite. Arbeiten Sie sich so um den Kreisumfang und zählen Sie dabei die markierten Brettbreiten bis zur ersten Bleistiftlinie. So können Sie auch die optimale Brettbreite bestimmen.

Sollte die benötigte Bretteranzahl nicht genau aufgehen, messen Sie die verbleibende Lücke und teilen Sie diese durch zwei oder durch vier. Schneiden Sie einige Bretter auf diese Länge und platzieren sie sie gleichmäßig um den Tisch herum – jeweils zwei an gegenüberliegenden Seiten oder vier für jedes Kreisviertel. Diese Verteilung wirkt ordentlicher und macht den Tisch besonders interessant, wenn Sie verschiedene Holzarten verwenden.

3 Fixieren Sie die Werkstücke sicher an der Werkbank oder einer festen Unterlage. Schneiden Sie die Rundstücke entlang der Bleistiftmarkierungen mit der Stichsäge aus.

4 Legen Sie die Rundstücke aufeinander und richten Sie die Kanten möglichst exakt aufeinander aus. Nageln Sie die Platten provisorisch mit zwei Nägeln zusammen (so bleiben die Kreise identisch, wenn Sie die Ränder bearbeiten). Verwenden Sie eine Holzraspel oder Surform-Raspel, um die Ränder zu glätten und Unebenheiten zu entfernen. Schmirgeln Sie dann die Ränder mit Sandpapier, zuerst mit 80er und danach mit 120er Körnung, bis sie schön glatt sind.

5 Setzen Sie vier Bleistiftmarkierungen in gleichmäßigem Abstand entlang der Kreiskanten – dies sind Referenzpunkte für die Seitenpaneele. Trennen Sie dann die Platten mit einem Flachkopf-Schraubendreher und entfernen Sie die Nägel mit dem Klauenhammer.

6 Bestimmen Sie die gewünschte Tischhöhe und subtrahieren Sie davon die Dicke der Tischplatte und Füße. Übertragen Sie das Maß auf eine der Seitenpaneele und schneiden Sie das Brett mit dem Fuchsschwanz auf Länge. Beschriften Sie das Stück als „Vorlage" und verwenden Sie es, um die restlichen Paneele auf die korrekte Länge zu schneiden.

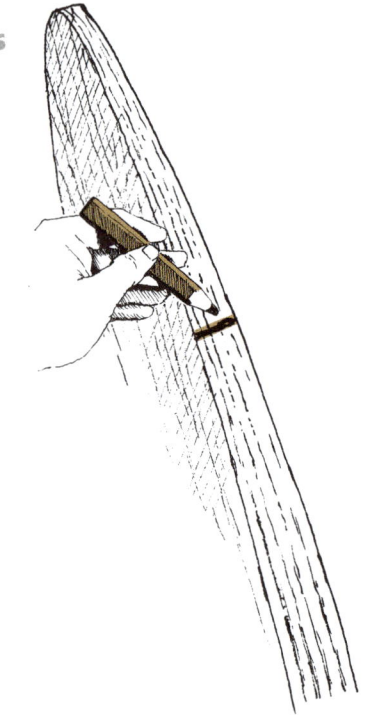

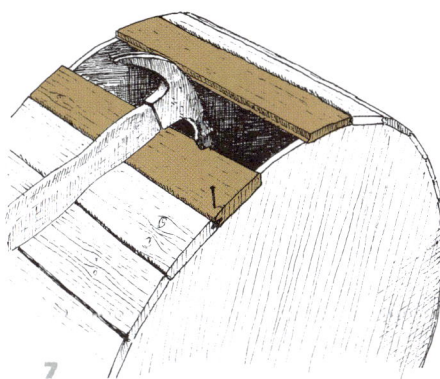

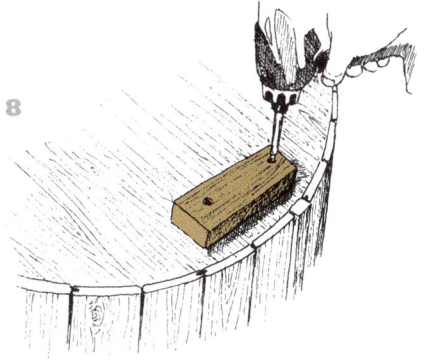

7 Stellen Sie die beiden Kreisplatten auf die Kanten (lassen Sie sich wenn möglich helfen oder fixieren Sie ein Werkstück mit der Schraubzwinge an Ihrer Werkbank) und richten Sie die Kanten mit Hilfe der Bleistiftmarkierungen möglichst exakt aus (etwaige Unebenheiten der Ränder liegen genau aufeinander). Beginnen Sie dann mit dem Annageln der Seitenpaneele. Die Enden der Paneele sollten bündig mit beiden Kreisplatten abschließen. Schneiden Sie wenn nötig das letzte Paneel mit dem Fuchsschwanz passend.

8 Drehen Sie den Tisch auf den Kopf, um die Füße anzubringen. Bohren Sie mit dem 4mm-Bohrer zwei Löcher auf jedem der vier 5 × 5 × 20 cm Bretter vor. Die Füße werden im Abstand von etwa 7,5 cm von der Tischkante mit Holzschrauben angebracht. Stellen Sie dann den Tisch auf die Füße.

TIPPS

- **SCHRITT 7**

  Sollten sich viele Ihrer Nägel beim Eintreiben verkrümmen, schmirgeln Sie die Schlagfläche des Hammerkopfes auf einer ebenen Unterlage mit einem Stück Sandpapier glatt. Der polierte Hammerkopf hilft Ihnen dabei, die Nägel gerade einzuschlagen, denn der Hammer schlägt nun gleichmäßiger, während ein unebener oder verrosteter Kopf die Nägel verbiegen kann.

- **SCHRITT 9**

  Statt eines Zollstocks können Sie auch ein Holzstück mit einer geraden Kante verwenden, um die Mittellinie zu setzen.

9 Nun fertigen Sie die Öffnung für die Aufbewahrung. Bestimmen Sie mit dem Bandmaß die Mitte der Korpusoberseite und zeichnen Sie mit Zollstock und Bleistift eine Linie durch die Mitte. Nehmen Sie den Stangenzirkel und setzen Sie den Nagel 7,5 cm näher an den Bleistift am anderen Ende des Zirkels. Setzen Sie dann den Nagel auf dem Mittelpunkt der Linie auf und klopfen Sie ihn mit dem Hammer leicht an. Zeichnen Sie einen Halbkreis mit 7,5 cm Abstand zur Oberkante (ohne Seitenpaneel).

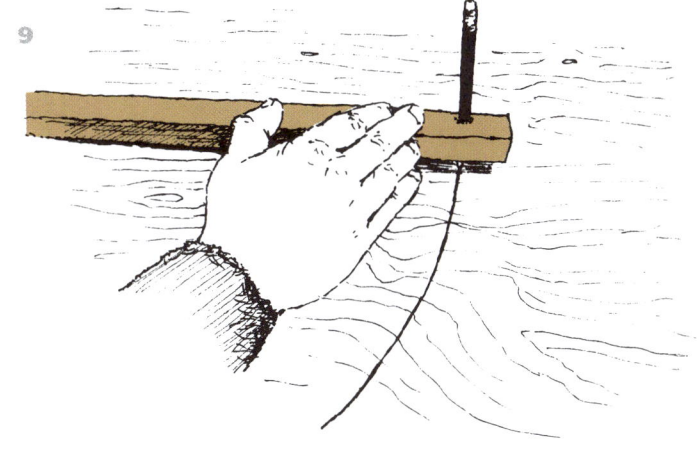

Fortsetzung

Lassen Sie die Stichsäge ausgeschaltet, wenn Sie das Sägeblatt in das Bohrloch stecken. Das Blatt sollte so im Loch liegen, dass es das Holz nicht berührt, damit es sich beim Anschalten nicht verfängt.

Tragen Sie bei der Arbeit mit der Stichsäge immer Schutzbrille und Staubmaske.

10 Bohren Sie mit dem 10mm-Bohrer ein Loch in den Halbkreis auf der Korpusoberseite. Führen Sie das Blatt der Stichsäge in das Loch und schneiden Sie entlang der Bleistiftlinien die Form aus. Glätten Sie die Schnittkante mit Sandpapier (120er Körnung). Scharfe Kanten sollten Sie sorgfältig glatt schleifen, damit sich beim Öffnen und Schließen des Tisches niemand Splitter einzieht.

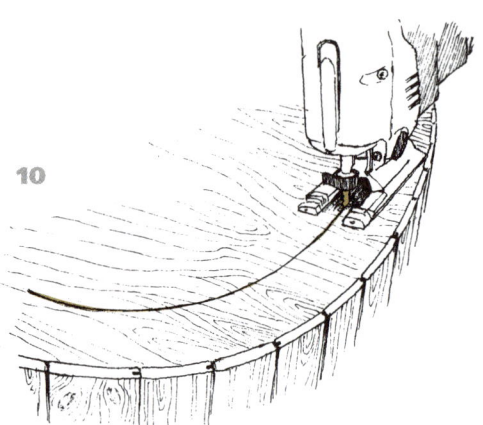

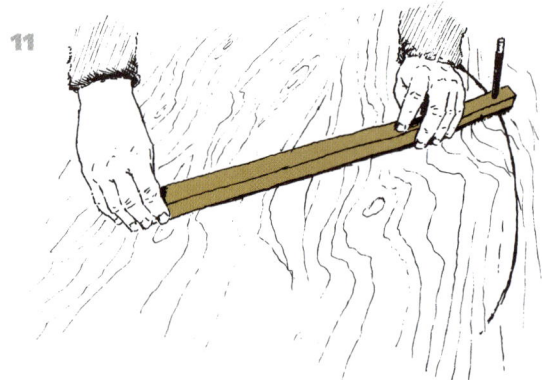

11 Nun benötigen Sie den Stangenzirkel ein letztes Mal – versetzen Sie den Nagel um 10 cm plus der Dicke der Seitenpaneele vom Bleistift weg. Nun können Sie den Kreis auf das Tischplatten-Werkstück zeichnen – dabei sind 2,5 cm Überhang zum Korpus einkalkuliert.

12 Bevor Sie den Kreis ausschneiden, ziehen Sie eine waagerechte Linie durch die Kreismitte – das Nagelloch des Stangenzirkels dient Ihnen dabei als Anhaltspunkt. Fixieren Sie das Werkstück mit der Schraubzwinge an der Werkbank und schneiden Sie den Kreis mit der Stichsäge aus. Danach teilen Sie den Kreis entlang der Mittellinie in zwei Hälften. Schleifen Sie die Oberseiten und -kanten mit Sandpapier (120er Körnung) gut ab und achten Sie dabei darauf, alle scharfen Kanten zu entfernen.

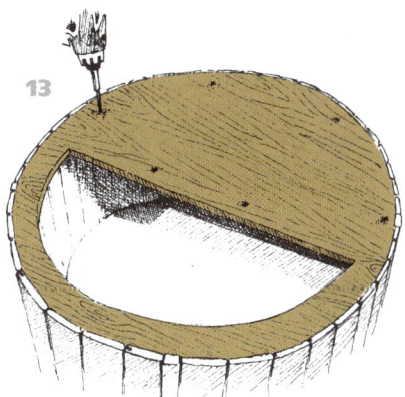

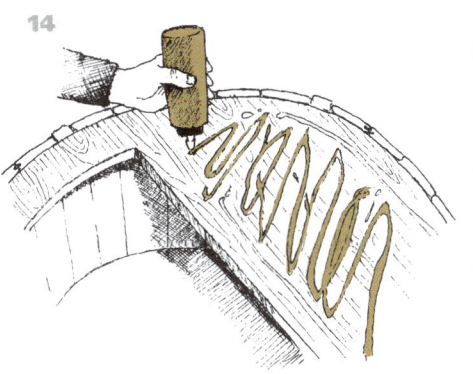

13 Bohren Sie etwa sechs 4mm-Löcher in der nicht ausgeschnittenen Hälfte der Korpusoberseite vor. Vier der Löcher werden in gleichem Abstand um die Rundung platziert (mit 5 cm Abstand zum Rand) und zwei weitere entlang der geraden Mittelkante (mit 5 cm Abstand zur Kante).

14 Tragen Sie auf die durchgehende Hälfte der Korpusoberseite gleichmäßig Holzleim auf und legen Sie dann eine Hälfte der Tischplatte auf den Korpus (achten Sie darauf, um die Außenkante den 2,5 cm Überhang einzuhalten). Schrauben Sie dann die Tischplatte von der Korpusinnenseite aus mit Holzschrauben fest.

- SCHRITT 14

  Lassen Sie beim Auftragen des Leimes etwa 2,5 cm Abstand vom Rand der Korpusoberseite – so vermeiden Sie, dass überschüssiger Leim über die Ränder gedrückt wird, wenn Sie die Tischplatte anbringen. Falls doch etwas Leim austrit, sollten Sie diesen mit einem feuchten Lappen entfernen, bevor er trocknet.

- SCHRITT 15

  Nun müssen Sie nur noch eine Oberflächen-behandlung wählen, die zum Tisch und seinem Standort passt.

15 Positionieren Sie die andere Tisch-plattenhälfte neben der befestigten Hälfte – lassen Sie zwischen beiden Stücken 4 mm Abstand, damit sich der Deckel beim Öffnen nicht verhakt. Bringen Sie die beiden Scharnierbänder im Abstand von jeweils 7,5 cm zu den Enden an und schrauben Sie sie fest. Der Deckel sollte sich nun mühelos öffnen lassen.
Sie können das Holz streichen, farbig beizen oder einen klaren Lack auftragen – der Tisch eignet sich gut für alle Varianten.

Der fertige Tisch mit Verstaumöglichkeit.

(A) *Im geschlossenen Zustand bedeckt der Deckel die Oberkanten der Seitenpaneele und bildet eine saubere Kante.*

(B) *Bringen Sie die Seitenpaneele so eng aneinander liegend wie möglich an.*

(C) *Lassen Sie beim Anbringen der Scharniere eine Öffnung, so dass sich der Deckel beim Öffnen und Schließen nicht verhakt.*

(D) *Wenn die Oberflächen naturbelassen bleiben sollen, sortieren Sie die Seitenpaneele vor dem Anbringen nach Farbe und Holzmaserung.*

KAMINHOLZ-GARAGE

An kalten, verregneten Winterabenden
ist es praktisch, wenn der Weg zum
Kaminholz ein kurzer ist – diese
Holzgarage ist schnell und einfach
zusammengebaut und attraktiv genug,
um auf der Terrasse oder nahe dem
Hauseingang platziert zu werden.
Das Design ermöglicht Luftzirkulation
rings um das Holz – so trocknet es
gleichmäßig und verrottet nicht.
Das traditionelle Schindeldach schützt
die Stämme vor Nässe und Witterungseinflüssen.

⏱ 2 TAGE

BENÖTIGTE WERKZEUGE

Bandmaß und Bleistift

Schraubzwinge
oder Schraubstock

Fuchsschwanz

Klauenhammer

Schraubendreher

NÜTZLICHE HELFER

Akku-Bohrschrauber

Stichsäge oder
Surform-Raspel

ZUBEHÖR

Nägel und Holzschrauben

1 Blatt Papier

ZUSCHNITTLISTE

1 Palette,
52 × 70 cm
(für die Standfläche)

30 Zaunlatten,
10 × 52 cm
(für die Seitenteile)

2 Holzstücke,
10 × 28 cm
(für die Dachklötze)

4 Bretter,
2,5 × 7,5 × 150 cm
(für die Seitenpfosten)

4 Bretter,
2,5 × 12 × 76 cm
(für die Rückenlatten)

2 Sperrholzplatten,
2 × 61 × 61 cm
(für die Dachplatten)

Ausreichend Bretter,
1 × 10 cm zum Zuschneiden
in 10 cm Quadrate
(für die Dachschindeln)

2 Bretter,
2 × 10 × 71 cm
(für den Dachgiebel)

MATERIALAUSWAHL

Sämtliches Material für die Kaminholz-Garage sollte problemlos zu beschaffen sein. Das Design können Sie entsprechend Ihren eigenen Vorstellungen anpassen und sogar passend zu Ihrem Haus gestalten. Die Holzgarage wird um eine Palette gebaut, die Palettengröße bestimmt also die Dimensionen der Konstruktion. Stellen Sie am besten die Palette an den Platz, an dem die Garage stehen soll, um sich einen Überblick über die benötigte Größe zu verschaffen. Stellen Sie sicher, dass platztechnisch alles passt – die Garage sollte keine Eingänge versperren oder Türen behindern. Wenn Sie einen großen Holzverbrauch haben, können Sie zwei gleichgroße Paletten verwenden und eine größere Holzgarage bauen.

Für die Seitenteile habe ich gebrauchte, halbrunde Zaunlatten verwendet – die Schnittform lässt das Projekt besonders rustikal wirken. Wenn Sie keine Zaunlatten zur Verfügung haben, können Sie auch andere quer geschnittene Stämme oder Bretter verwenden. Für die Latten an der Garagen-Rückseite eignen sich Dielenbretter – diese können Sie natürlich auch für die Seitenteile verwenden.

Die Dachplatten sollten möglichst leicht, jedoch mindestens 2 cm stark sein – eine gute Wahl ist Sperr- oder Pressholz für den Außenbereich.

Die Dachschindeln lassen die Garage besonders interessant und rustikal aussehen, wenn die Anordnung zufällig und nicht ganz regelmäßig wirkt. Ich habe auf dem Wochenmarkt eine Hängerladung voll Obstkisten besorgt – das dünne, sägeraue Weichholz der auseinandergenommenen Kisten ergibt perfekte Schindeln. Ich habe für insgesamt 120 Schindeln etwa 12 m Holz gebraucht – für jeden Schnitt sollten Sie zusätzliche 6 mm einplanen (und am Ende werden Sie jede Menge kleiner Holzreste übrig haben).

Arbeitsschritte

1 Stellen Sie die Palette an den gewünschten Standort und messen Sie mit dem Bandmaß Breite und Tiefe der Palette sowie die gewünschte Höhe der Garage. Skizzieren Sie das Projekt mit den entsprechenden Maßen auf einem Blatt Papier.

2 Fixieren Sie ein Brett oder eine Zaunlatte mit der Schraubzwinge und schneiden Sie das Holz mit dem Fuchsschwanz entsprechend der Palettentiefe von der Vorderseite aus auf Länge. Schneiden Sie genügend Bretter zu, um die Seitenteile in der gewünschten Höhe zu konstruieren – bei einer Höhe von 1,5 m und einer Brettbreite von 10 cm benötigen Sie 15 Bretter oder Latten pro Seite.

KONSTRUKTIONSPLAN

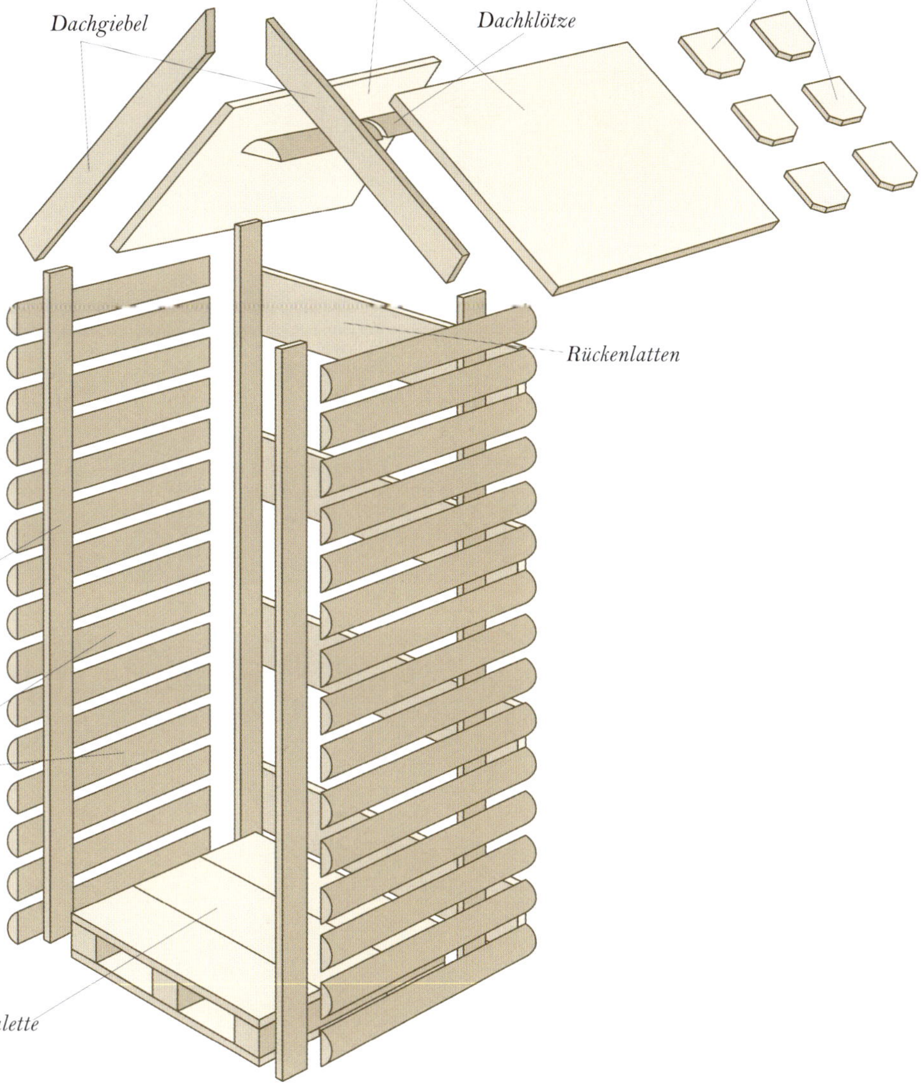

Dachgiebel

Dachplatten

Dachklötze

Schindeln

Rückenlatten

Seitenpfosten

Seitenteile

Palette

③ Als nächstes benötigen Sie
2,5 x 7,5 cm Bretter für die Seitenpfosten.
Schneiden Sie diese entsprechend der
gewünschten Seitenhöhe auf Länge.
Legen Sie die Latten für eines der Seitenteile mit der Außenseite nach unten auf
den Boden. Platzieren Sie jeweils einen
2,5 × 7,5 cm Seitenpfosten an die Außenkanten der Seitenteile und befestigen
Sie diese mit Nägeln oder Schrauben
an den Seitenteilen.

Fortsetzung

3

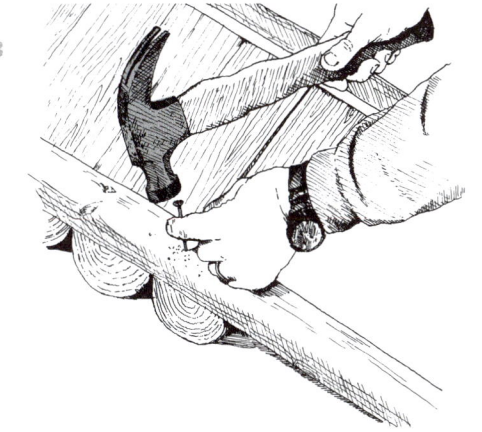

TIPP

• **SCHRITT 3**

Die Seitenteile können
ruhig kleine Zwischen-
räume haben: diese sorgen
für gute Belüftung.

TIPPS

- **SCHRITT 4**

  Das Eindrehen großer Holzschrauben können Sie erleichtern, indem Sie in einem der Werkstücke 4-mm-Löcher vorbohren.

  Mit etwas Kerzenwachs am Gewinde lassen sich die Schrauben leichter eindrehen.

- **SCHRITT 6**

  Wenn Ihnen die Giebeldachkonstruktion zu kompliziert erscheint, können Sie auch ein Flachdach bauen. Verwenden Sie als Anhaltspunkt die Maße der Palette und addieren Sie rundherum 7,5 cm Überhang.

- **SCHRITT 10**

  Statt die Ecken der Schindeln abzuschneiden, können Sie mit der Surform-Raspel die sichtbare Kante der Schindeln abrunden.

- **SCHRITT 11**

  Wenn Sie Kinder haben, die sich für Holzarbeiten interessieren, ist dieser Schritt genau der richtige Einstieg – er geht leicht von der Hand und das Ergebnis wird jeden Anfänger mit Stolz erfüllen.

- **SCHRITT 13**

  Ein zusätzlich angebrachter, gespaltener Axtgriff macht den Dachgiebel besonders attraktiv.

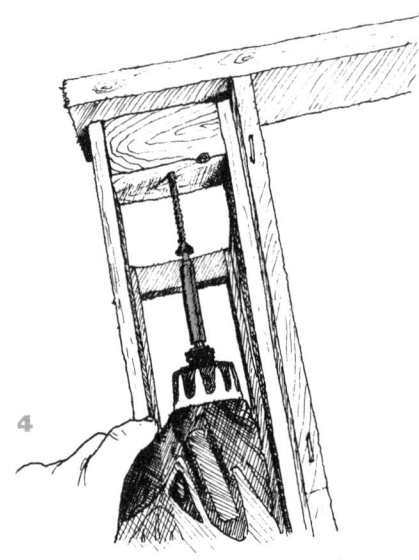

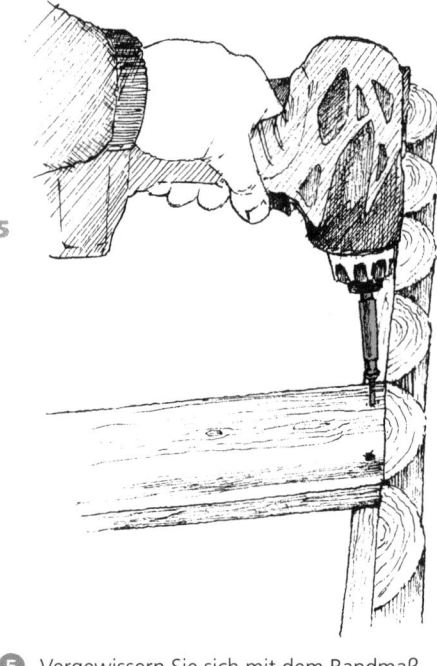

4 Lassen Sie sich bei diesem Schritt wenn möglich helfen. Legen Sie die beiden Seitenteile auf den Boden – die Palette liegt dazwischen und die Unterkanten sind bündig. Verwenden Sie möglichst lange Holzschrauben (allerdings nicht so lang, dass sie durch die Palette stoßen), um die unteren Seiten an der Palette anzuschrauben.

5 Vergewissern Sie sich mit dem Bandmaß, dass die Breite am oberen und unteren Ende des Rahmens einheitlich ist. Schrauben oder nageln Sie dann jeweils eine Rückenlatte bündig entlang der Ober- und Unterkante der Seitenteile. Bringen Sie gleichmäßig verteilt mindesten zwei weitere Latten an, um der Konstruktion Stabilität zu verleihen.

6 Nun bauen Sie das Giebeldach. Suchen Sie zunächst in Ihrem Holzstapel zwei Bretter und legen Sie sie im 90-Grad-Winkel an die Oberseite des Rahmens an. Dabei liegen die Bretter an der Spitze aneinander und hängen an beiden Seiten etwas über. Messen Sie die Brettlänge und notieren Sie diese in Ihrer Skizze. Messen Sie dann die Tiefe der Holzgarage und addieren Sie 7,5 cm – nun haben Sie die Abmessungen der beiden Dachplatten.

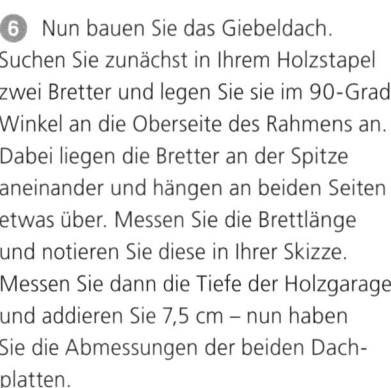

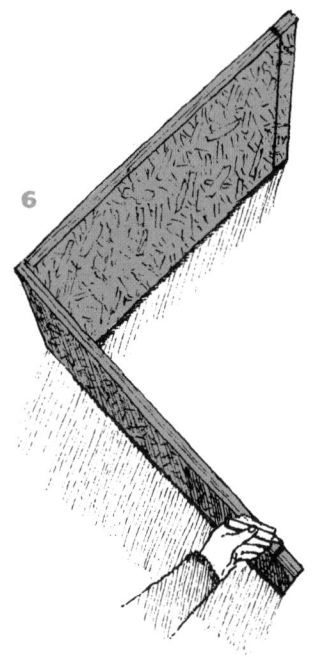

7 Übertragen Sie das Maß mit Bandmaß und Bleistift auf die Sperrholzplatten, fixieren Sie diese mit der Schraubzwinge und schneiden Sie sie mit dem Fuchsschwanz zu

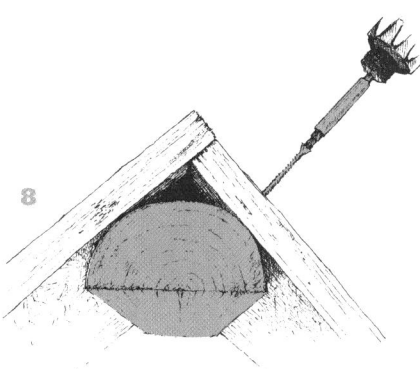

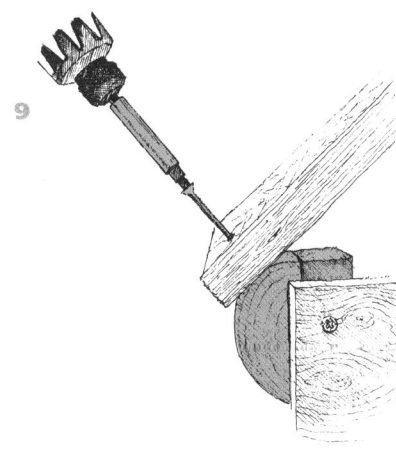

8 Positionieren Sie die Platten an der Garagenoberseite und überprüfen Sie den Sitz. Bringen Sie die Platten dann mit Schrauben oder Nägeln entlang der Dachspitze an. Für zusätzliche Stabilität verwenden Sie zwei Reste der Seitenlatten als Dachklötze, indem Sie diese an der Unterseite der Dachplatten anbringen.

9 Bitten Sie einen Helfer darum, den Rahmen aufrecht zu stellen. Positionieren Sie dann das Dach bündig mit dem Rücken des Rahmens. Wenn alles passt, fixieren Sie das Dach mit langen Holzschrauben am Rahmen.

10 Stellen Sie die Schindeln her, indem Sie das Weichholz in 10-cm-Quadrate sägen. Fixieren Sie dafür das Werkstück mit der Schraubzwinge und schneiden Sie es mit dem Fuchsschwanz zu. Um die Schindeln dekorativer zu machen, schneiden Sie die beiden sichtbaren Ecken mit dem Fuchsschwanz ab.

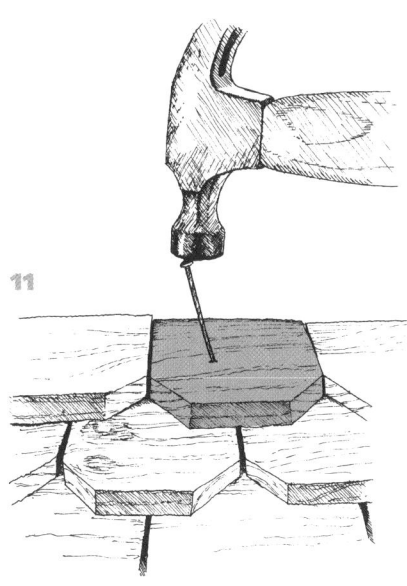

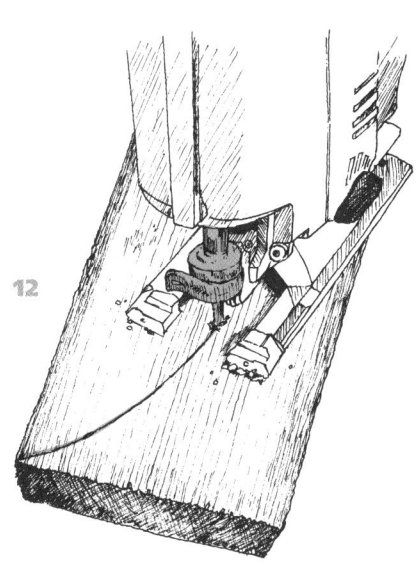

12 Zum Abschluss bringen Sie den Giebel an der Garagenfront an. Sie benötigen dafür zwei Bretter die etwa so lang wie die Seitenlatten sind. Diese sollten Sie an einer Seite mit Gehrungsschnitten im 45-Grad-Winkel zuschneiden, damit sie als Dachspitze aneinander liegen. Messen Sie den Winkel entweder mit einem Winkelmesser oder verwenden Sie eine Gehrungsschneidlade (siehe S. 142). Die unteren Ecken können Sie, wenn Sie möchten, mit der Stichsäge oder der Surform-Raspel formen.

Prüfen Sie den Sitz der Giebelstücke, bevor Sie diese anbringen: sie sollten sauber auf Stoß liegen. Nageln oder schrauben Sie sie dann an der Holz-Garage fest.

11 Schneiden Sie sicherheitshalber einige zusätzliche Schindeln zu und nageln Sie dann die Schindeln mit dem Klauenhammer und 2,5 cm langen Nägeln an das Dach. Beginnen Sie von unten und arbeiten Sie sich in horizontalen Reihen nach oben vor. Bringen Sie die Reihen versetzt an – zentrieren Sie die Schindeln über den Kanten der darunterliegenden Schindeln. Kleine Unregelmäßigkeiten sind kein Problem und lassen die Holzgarage besonders rustikal wirken.

Die fertige Kaminholz-Garage.

(A) *Halbrunde Zaunlatten eignen sich perfekt für die Seiten, Sie können jedoch auch halbierte Stämme oder Dielenbretter verwenden.*

(B) *Dachklötze sorgen für zusätzliche Stabilität.*

(C) *Sie können das Dach entweder einheitlich gestalten oder für ein besonders individuelles Ergebnis verschiedene Materialien kombinieren.*

(D) *Die versetzte Schindelposition ist attraktiv und macht das Dach wasser-undurchlässig.*

(E) *Angewittertes, fleckiges Holz lässt den Giebel besonders interessant wirken – Sie können jedoch die Ober-fläche auch beizen oder anderweitig behandeln.*

RELAX-
STUHL

Manchmal lohnt es sich, vielen Leuten
zu erzählen, dass man Interesse an
gebrauchtem Holz hat. Eine Nachbarin
hat mich kürzlich gefragt, ob ich eine
Verwendung für zwei zu klein gewordene
Kinderbetten hätte, die sie wegwerfen
wollte. Die Betten kamen wie gerufen,
denn ich wollte mir schon lange einen
Relax-Stuhl für den Garten bauen.
Dieses Projekt ist leicht umzusetzen
und wirkt dennoch professionell –
und welcher Heimwerker freut sich nicht
über Komplimente?

MATERIALAUSWAHL

Die Lattenrostbretter der Kinderbetten hatten für dieses Projekt genau die richtige Größe: 2 x 5 cm, beinahe die Standardbrettgröße 2,5 x 5 cm. Wenn Sie recycelte Weichholzplatten statt Lattenroste verwenden möchten, verwenden Sie 2,5 x 5 cm Bretter (dies ist die Nenngröße vor der Bearbeitung im Sägewerk; die tatsächliche Größe beträgt 2 x 4 cm). Wenn Sie nur breitere Bretter zur Verfügung haben, sollten Sie sie in einem Holzfachbetrieb oder Baumarkt zuschneiden lassen.

Für die Stuhlseiten habe ich Grobspanplatten (OSB) verwendet – Sie können auch Sperrholz oder ein anderes Pressholz verwenden, solange das Material für den Außengebrauch geeignet ist. Ich habe die Platten mit einer matten, schwarzen Außenfarbe behandelt – der Kontrast zum naturbelassenen Holz ist besonders attraktiv. Sie können die Platten auch weniger auffällig streichen oder eine transparente Lasur auftragen.

Die Herstellung einer bequemen Stuhlform ist die größte Herausforderung dieses Projektes. Die Sitzfläche liegt sehr tief – messen Sie als Anhaltspunkt am besten einen ähnlich geformten Stuhl aus. Sie benötigen als Maße die Höhe der Sitzfläche (vom Boden aus gemessen), die Tiefe und Breite der Sitzfläche und die Höhe der Lehne (vom Boden und vom Sitz aus gemessen). Achten Sie darauf, dass die Sitzfläche tief genug (von vorn nach hinten entlang der Unterseite gemessen) und die Lehne nicht zu steil nach hinten geneigt ist, damit der Stuhl nicht nach hinten umkippt, wenn Sie sich darin zurücklehnen.

Arbeitsschritte

1 Halten Sie die Maße bereit und zeichnen Sie mit Zimmermannsbleistift eine kurvige Form auf den Pressholzplatten an. Folgen Sie dabei dem Profil des Stuhls im Foto auf S.166. Zeichnen Sie die Form dann mit schwarzem Filzstift nach, um sie beim Sägen besser zu sehen.

2 Die Kurvenform der Seiten macht die Stichsäge unerlässlich. Fixieren Sie das Werkstück mit Schraubstock oder Schraubzwinge und schneiden Sie möglichst exakt entlang der vorgezeichneten Linien.

KONSTRUKTIONSPLAN

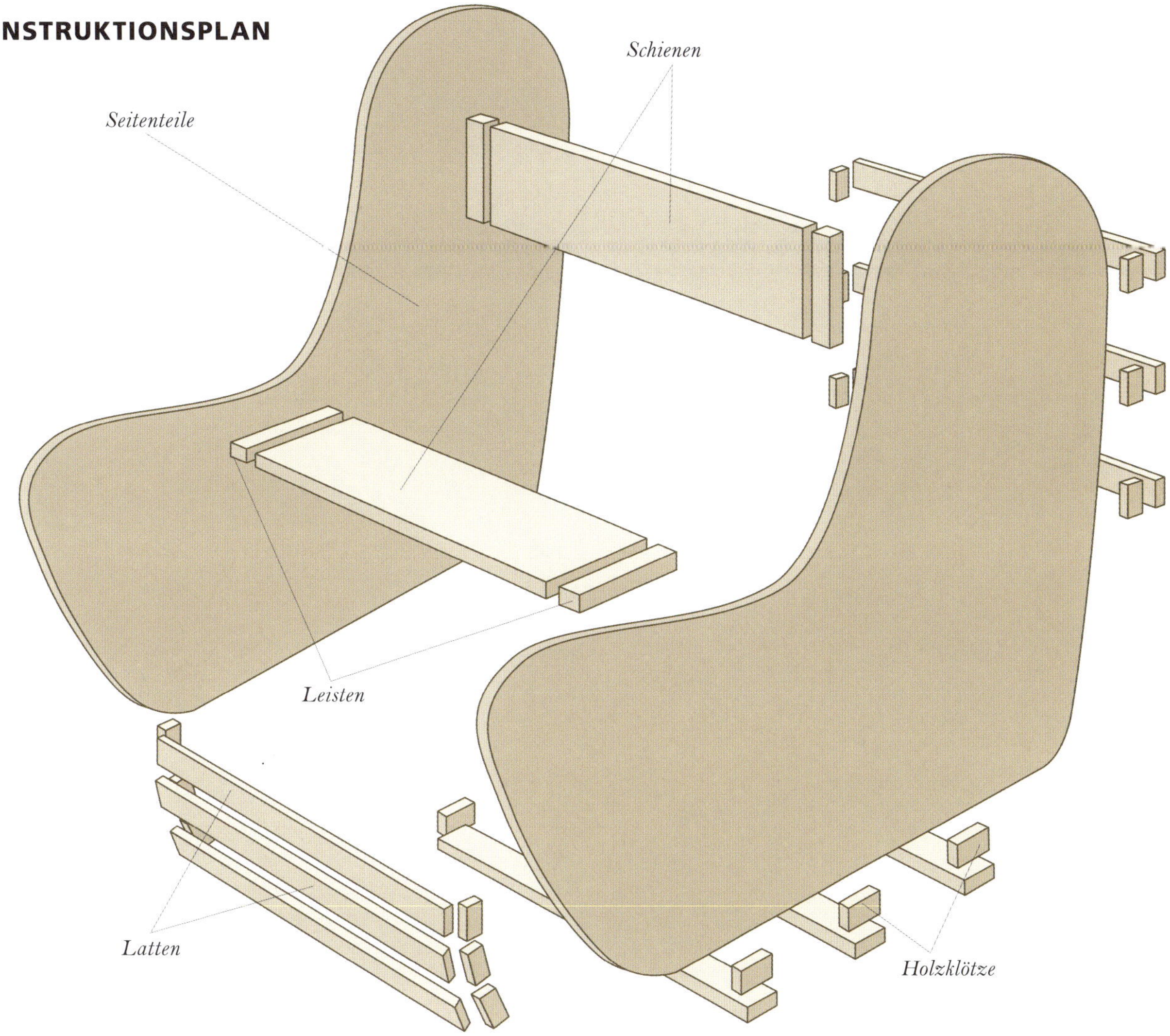

Schienen

Seitenteile

Leisten

Latten

Holzklötze

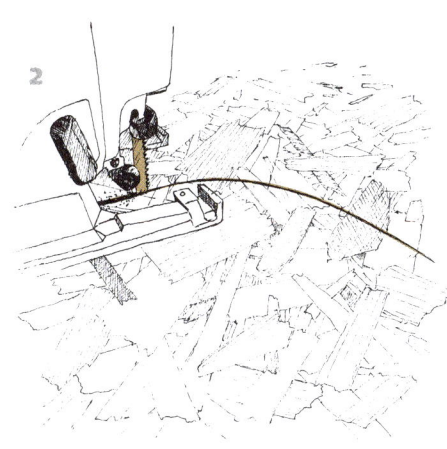

3 Verwenden Sie das ausgeschnittene Seitenteil als Vorlage, übertragen Sie die Form auf das andere Seitenteil und schneiden Sie dieses wie in Schritt 2 beschrieben zu.

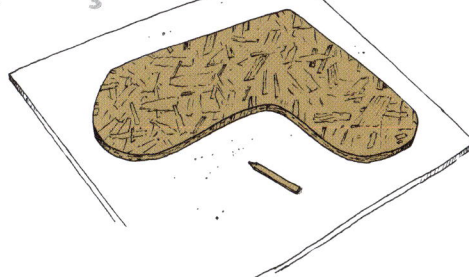

Fortsetzung

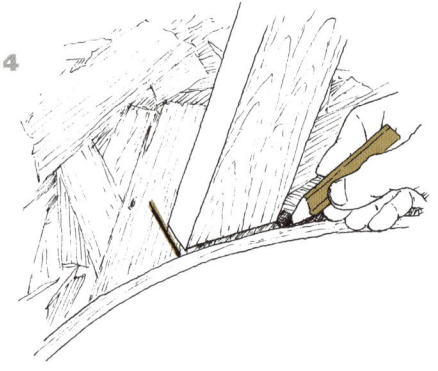

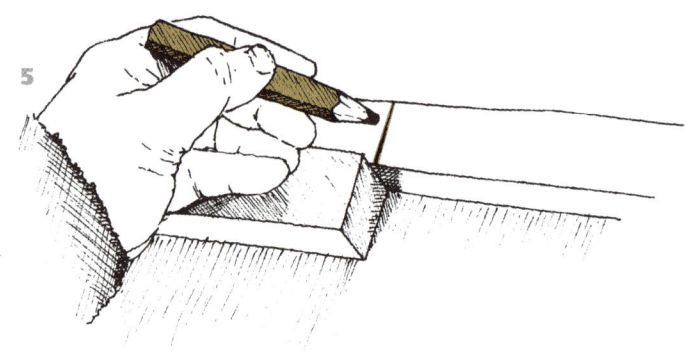

4 Um die Anzahl der benötigten Latten zu ermitteln, legen Sie eine der Latten an die Kante eines der Seitenteile und markieren Sie auf beiden Seiten mit Bleistift eine Linie. Legen Sie dann die Latte an die obere Linie an und markieren Sie die Gegenseite. Arbeiten Sie sich über das gesamte Seitenteil und passen Sie die Abstände so an, dass Lücken vermieden werden. Zählen Sie dann die Anzahl der benötigten Latten.

5 Für meinen Stuhl habe ich eine Breite von 80 cm festgelegt – je nach Platzverhältnissen und verfügbarem Material können Sie dieses Maß anpassen (achten Sie nur darauf, dass der Stuhl nicht so breit ist, dass er in der Mitte durchhängt). Messen und markieren Sie die Länge einer der Latten und schneiden Sie sie mit dem Fuchsschwanz zu. Diese Latte verwenden Sie dann als Längenvorlage für das restliche Holz – auf diese Weise vermeiden Sie Messfehler. Die anfallenden Holzreste benötigen Sie im nächsten Schritt.

6 Der einzige Nachteil von Pressholz ist, dass sich entlang der Kanten nur schwer Nägel oder Schrauben anbringen lassen – die Platten splittern sehr leicht. Um Abhilfe zu schaffen, fertigen Sie Klötze aus Holzresten, die Sie an den Innenseiten der Seitenteile anbringen. Messen Sie zunächst die benötigte Länge – die Klötze sollten um die Kurven der Seitenteile passen – und schneiden Sie die Holzreste entsprechend zu. Eventuell müssen Sie die Kanten abwinkeln, damit das Holz besser aneinander liegt.

7 Befestigen Sie die Klötze mit Holzleim und Nägeln an den Innenseiten der Seitenteile – dabei folgen Sie dem Verlauf der geschwungenen Kante. Die Klötze können ruhig ein Stück über die Seitenkanten hinausragen – wenn der Leim trocken ist, entfernen Sie den Überhang einfach mit der Stichsäge.

8 Prüfen Sie die geschwungenen Seiten auf Unebenheiten und schleifen Sie diese mit Schleifblock und Sandpapier (80er Körnung) oder einer Holzraspel glatt.

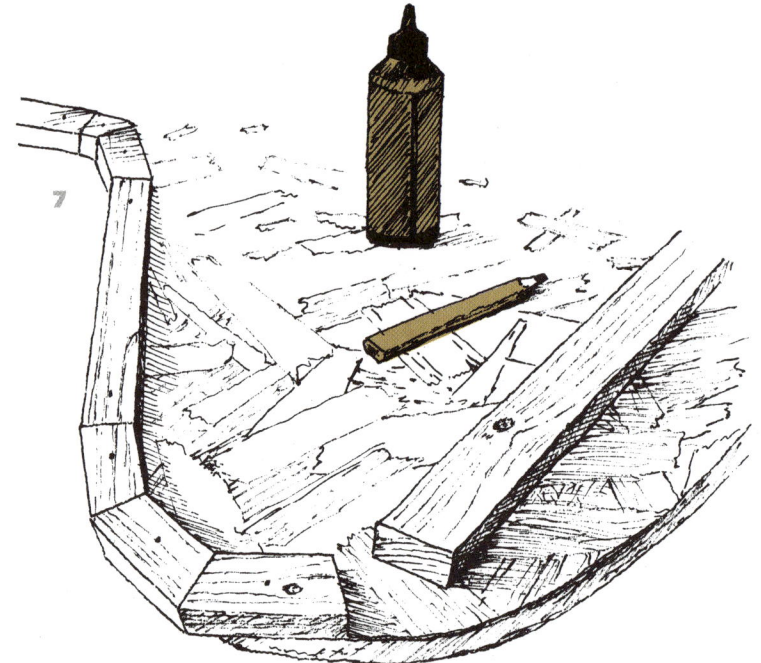

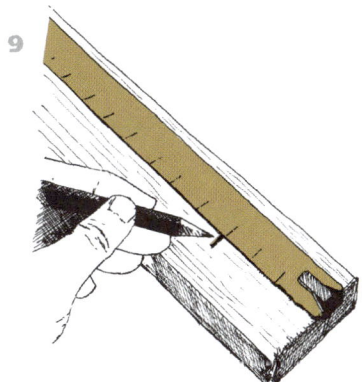

9 Nehmen Sie eine der vorbereiteten Latten, messen Sie 3 cm von einem Ende nach innen und markieren Sie die Stelle mit Bleistift. Verwenden Sie dieses Brett als Vorlage, um die restlichen Latten ebenso zu markieren. Bohren Sie an den Bleistiftmarkierungen 4-mm-Löcher vor – hier werden beim Zusammenbauen des Stuhls die Schrauben angebracht.

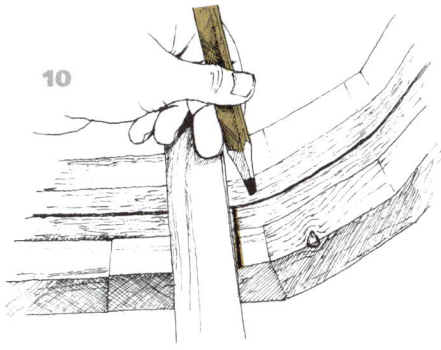

10 Um die Seiten auszurichten, legen Sie sie mit den Außenseiten aneinander, so dass die Kanten möglichst genau aufeinander liegen. Zeichnen Sie zwei deutliche Linien über die Kanten. Drehen Sie die Werkstücke herum, so dass die Innenseiten aneinander liegen und schrauben Sie provisorisch zwei Latten an den Linien an, um die Seitenteile parallel zu halten, während Sie den Stuhl zusammenbauen.

TIPPS

• **SCHRITT 8**

Wenn Sie mit Elektrowerkzeugen arbeiten, sollte das Werkstück immer an einer festen, flachen Oberfläche fixiert sein. Verwenden Sie einen Schraubstock oder Schraubzwingen, oder lassen Sie sich helfen.

Achten Sie beim Schneiden mit der Stichsäge auf Finger und Kabel.

Tragen Sie beim Arbeiten mit Pressholz immer eine Schutzbrille und Staubmaske

• **SCHRITT 9**

Halten Sie beim Bohren ein Holzstück unter die Latte, um Splittern zu vermeiden.

Behandeln Sie die Latten und Seitenteile nach Wunsch mit Beize, Lasur oder Farbe und lassen Sie sie trocknen.

• **SCHRITT 10**

Behandeln Sie die Latten mit einer Beize für den Außengebrauch und streichen Sie die Seitenteile in der gewünschten Farbe, bevor Sie sie anbringen.

11 Fertigen Sie für zusätzliche Stabilität zwei Schienen an. Dafür schneiden Sie mit dem Fuchsschwanz zwei 2,5 x 15 cm Bretter auf die Länge der Latten minus der Dicke der beiden Seitenteile zu. Außerdem benötigen Sie vier Leisten aus 2 x 4 cm Brettern, die Sie auf 15 cm Länge schneiden. Bohren Sie in den Leisten versetzte Löcher vor (jeweils zwei pro Ende an angrenzenden Seiten). Schrauben Sie die Leisten bündig an den Enden der Schienen an.

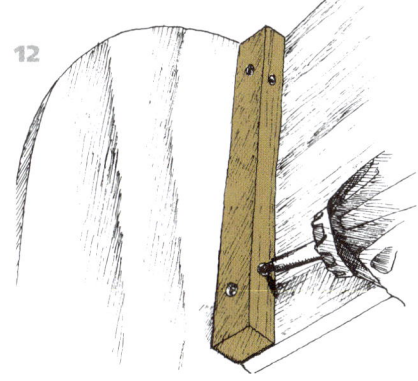

12 Legen Sie eine der Schienen zwischen die beiden Seitenteile (in den Knickpunkt der Kurve und an die Leisteninnenkante) und drehen Sie Schrauben durch die vorgebohrten Löcher in die Leisten. Wiederholen Sie den Vorgang mit der anderen Schiene im oberen Teil der Rundung. Entfernen Sie die provisorischen Latten.

13 Schrauben Sie die Latten durch die vorgebohrten Löcher am Stuhl fest – drehen Sie die Schrauben entlang der Kanten der Seitenteile in die Holzklötze (die Schrauben sollten lang genug sein, um etwa bis zur Hälfte der Holzklötze hineingedreht zu werden).

Der fertige Relax-Stuhl.

(A) *Versuchen Sie, die Latten mit gleichmäßigen und möglichst kleinen Abständen zueinander zu platzieren.*

(B) *Alle Latten sollten bündig abschließen.*

(C) *Wenn Sie den Stuhl in der natürlichen Holzfarbe belassen möchten, arrangieren Sie die Latten so, dass die Holzmaserungen und -farben ein gefälliges Gesamtbild ergeben.*

(D) *Legen Sie die Latten an den Rundungen möglichst eng aneinander.*

HAPPY-HOUR-BAR

Überraschen Sie Freunde und Bekannte
doch einmal mit Getränken an Ihrer
eigenen und dazu noch selbstgebauten Bar!
Diese Bar ist garantiert der Mittelpunkt
jeder Party, egal ob sie im Wohnzimmer,
in einem ausgebauten Keller oder auf
Ihrer Terrasse im Garten steht. Trotz der
beeindruckenden Größe lässt sich dieses
Projekt leicht zusammenbauen.

Flachkopf-
Schraubendreher

Sandpapier
(80er und 120er Körnung)
und Schleifblock

Bandmaß, Bleistift,
Zollstock und Bindfaden

Stichsäge

Fuchsschwanz

Holzraspel

Handbohrmaschine
mit 4-mm-Bohrer

NÜTZLICHE HELFER

Akku-Bohrschrauber

Schwingschleifer

ZUBEHÖR

Nägel und Holzschrauben

ZUSCHNITTLISTE

1 Brett ,
5 × 39 × 150 cm
(für die Oberseite)

2 Sperr- oder
Pressholzplatten,
2 × 45 × 140 cm
(für Boden und Ablage)

2 Sperr- oder
Pressholzplatten,
2 × 38 × 84 cm
(für die Seitenteile)

2 halbrunde Zaunlatten,
12 × 84 cm
(für die vorderen Pfosten)

4,2 m Bretter
(für die Leisten)

5 halbrunde Zaunlatten,
5 × 25 cm
(für die Füße, ungefähres
Maß für die Holzreste)

29 Bretter,
2,5 × 5 × 64 cm
(für die Front)

MATERIALAUSWAHL

Das solide Holz für die Oberseite der Bar habe ich im Holzhandel erstanden – auf Grund der geschwungenen Form war es aussortiert worden. Mögliche Alternativen sind Sperrholz (das sich leicht mit der Stichsäge in die gewünschte Form schneiden lässt) oder drei Holzplatten, die im Winkel zugeschnitten und aneinander befestigt werden. Natürlich können Sie auch eine Bar mit geraden Linien anfertigen.

Alle anderen Materialien sind leicht zu beschaffen. Der Korpus wurde aus einer gebrauchten, 2 cm starken Marinegrad-Sperrholzplatte gefertigt. Obwohl die Front zusammenhängend erscheint, wurden hier mehrere säge-raue 2,5 x 5 cm Weichholzbretter mit behandelter Oberfläche verwendet. Die Füße lassen sich aus dem Überschuss der Zaunlatten anfertigen.

Die Wölbung des Bodens und der Front orientiert sich an der Form der Oberseite. Wenn die Oberseite extrem geschwungen ist, sollten Sie die Wölbungen der unteren Teile etwas abflachen, damit ein ausgewogenes Gesamtbild entsteht und die Bretter leichter an der Front der Bar angebracht werden können.

Boden und Ablage werden etwas tiefer gebaut als die Oberseite, um mehr Stauraum zu bieten und die Bar insgesamt stabiler zu machen. Wenn Sie für die Oberseite ein breites Stück Holz verwenden, können Sie Boden und Ablage in gleicher Tiefe gestalten – das Projekt wird dann etwas einfacher und geradliniger. Damit die Bar stabil steht, sollte die Oberseite mindestens 39 cm breit sein. Obwohl die meisten Projekte in diesem Buch ohne Stichsäge umsetzbar sind, empfehle ich diese für die Bar unbedingt – die Wölbungen lassen sich von Hand nur sehr schwer einheitlich schneiden. Sie können dies alternativ mit einer Laubsäge versuchen – halten Sie in diesem Fall ausreichend Ersatzsägeblätter parat.

Arbeitsschritte

1 Die Wölbung der Bar orientiert sich an der Form der Oberseite – beginnen Sie also am besten von oben mit der Arbeit. Ich habe mich dafür entschieden, die Oberseite unbehandelt zu lassen, damit die Bar schön rustikal wirkt. Entfernen Sie einfach lose Rinde und totes Holz mit dem Schraubendreher von den Rändern. Schleifen Sie dann die Kanten mit Sandpapier (80er Körnung) glatt.

2 Legen Sie die Oberseite auf die Bodenplatte und zeichnen Sie die Umrisse mit Bleistift nach. Die geraden Seiten und die Winkel ziehen Sie dann mit dem Zollstock nach. Um die Wölbung etwas abzuflachen können Sie – wenn Sie sich das Freihandzeichnen nicht zutrauen – den Bleistift an einem langen Stück Schnur befestigen und das andere Ende an einem Drehpunkt

KONSTRUKTIONSPLAN

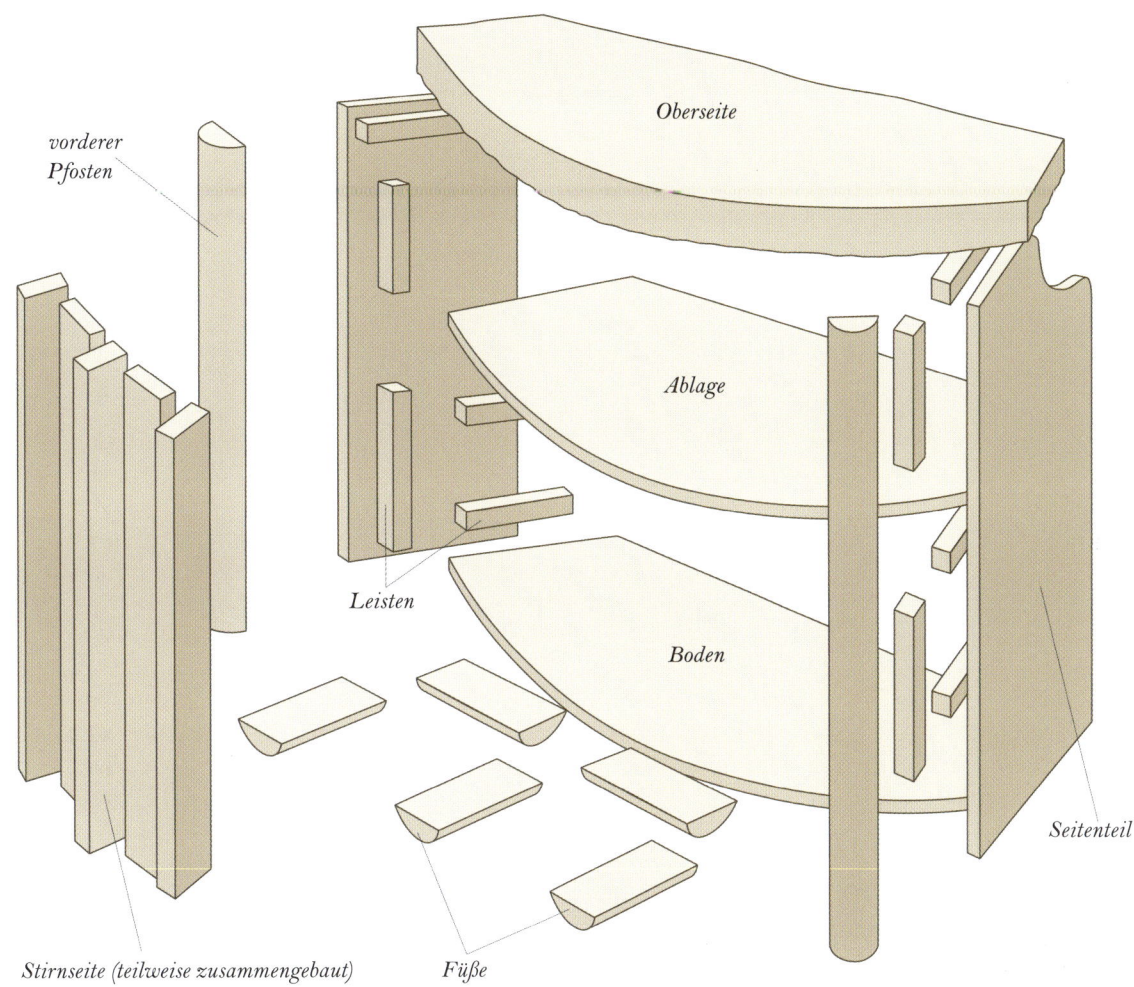

vorderer Pfosten

Oberseite

Ablage

Leisten

Boden

Seitenteil

Stirnseite (teilweise zusammengebaut)

Füße

anbringen (beispielsweise an einem Nagel mit großem Kopf in einem Stück Holz). Je länger die Schnur ist, desto flacher wird die Wölbung. Verwenden Sie Bandmaß und Bleistift, um die Tiefe des Bodens auf 45 cm zu vergrößern und schneiden Sie die Platte mit der Stichsäge aus.

Fortsetzung

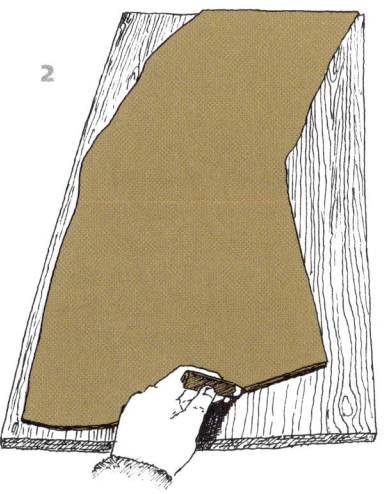

2

TIPP

• **SCHRITT 1**

Behalten Sie beim Abtrennen von Rinde oder totem Holz beide Hände hinter dem Schraubendreher – Sie könnten sonst im Arbeitseifer leicht abrutschen und sich verletzen.

TIPPS

- **SCHRITT 4**

Fixieren Sie das Werkstück gut und tragen Sie beim Arbeiten mit der Stichsäge immer eine Schutzbrille und Staubmaske.

- **SCHRITT 9**

Arbeiten Sie sich von der Mitte der gewölbten Stirnseite nach außen vor, um flach und quer angebrachte Bretter gleichmäßig zu verteilen.

- **SCHRITT 11**

Eine solide Oberseite sieht gründlich abgeschliffen am dekorativsten aus. Beginnen Sie mit Sandpapier mit 80er Körnung – mit dem Schwingschleifer können Sie noch schneller und effektiver arbeiten. Schleifen Sie immer in Richtung der Holzmaserung. Wenn die Oberfläche eben ist, wechseln Sie auf 120er Körnung, um einen besonders glatten Schliff zu erhalten. Tragen Sie beim Schleifen immer eine Staubmaske.

Um alle Holzfarben der Bar einheitlich zu gestalten, können Sie eine Beize für den Außengebrauch auftragen. Eine glatt geschliffene Oberseite können Sie mit Bootslack besonders schön zur Geltung bringen – außerdem wird das Holz so effektiv vor Witterungseinflüssen – und den Einflüssen durchfeierter Nächte – geschützt.

3 Verwenden Sie den Boden als Vorlage für die Ablageform und zeichnen Sie die Umrisse mit Bleistift nach. Da die Ablage im Korpus sitzt, müssen Sie die Breite um die Dicke der Seitenteile reduzieren. Markieren Sie von jedem Seitenende aus entsprechend in Richtung Brettmitte (in meinem Fall 2 cm) und schneiden Sie die Ablage mit der Stichsäge aus.

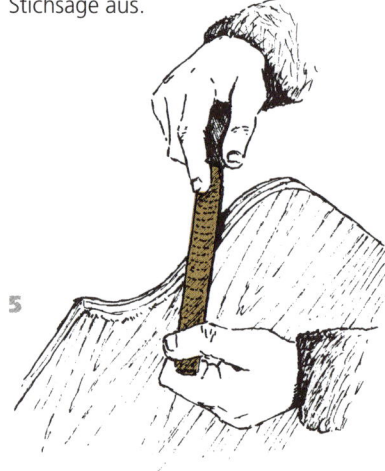

5 Rundungen an den oberen hinteren Ecken der Seitenteile bilden einen fließenden Übergang zwischen den tieferen Bauteilen (Boden und Ablage) und der Oberseite der Bar. Zeichnen Sie die Rundung mit Bleistift vor – sie beginnt über der Ablage und endet an den hinteren oberen Ecken der Oberseite. Schneiden Sie die Form mit der Stichsäge aus und glätten Sie die Kanten mit der Holzraspel und anschließend mit Sandpapier 80er Körnung.

4 Messen und markieren Sie die Seitenteile mit Bandmaß und Bleistift. Meine Oberseite ist 5 cm dick, die Füße sind 5 cm hoch und die Dicke des Bodens beträgt 2 cm. Also subtrahiere ich 12 cm von 96 cm (die gewünschte Höhe der Bar) – meine Seiten sind somit 84 cm hoch. Messen und markieren Sie die beiden Zaunpfähle (gleiche Höhe) und schneiden Sie sie mit dem Fuchsschwanz zu.

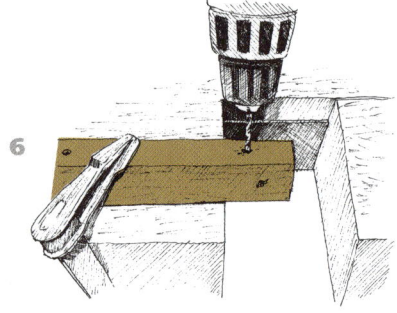

6 Die wichtigsten Bauteile sind nun ausgeschnitten und können mit Leisten und Holzschrauben zusammengebaut werden. Verwenden Sie mindestens 3 cm breite Bretter und schneiden Sie daraus vier Balken auf die Breite der Seitenteile zu. Bohren Sie jeweils drei 4-mm-Löcher in zwei angrenzenden Seiten der Leisten vor. Schrauben Sie dann jeweils eine Leiste bündig mit der Unterkante an jedes Seitenteil. Messen Sie bis zur Ablageposition nach oben (bei mir 61 cm über dem Boden) und bringen Sie dort die nächste Leiste an.

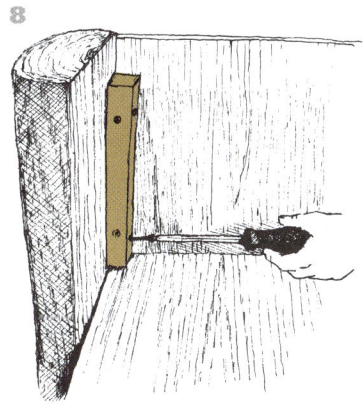

7 Der nächste Schritt geht mit einem Helfer leichter von der Hand. Zunächst schrauben Sie den Boden mit den Leisten und Holzschrauben an den Seitenteilen fest. Dann bringen Sie die Ablage in Position und schrauben sie auf die gleiche Weise an.

8 Messen, markieren und schneiden Sie vier weitere Leisten – diese werden entlang der vorderen vertikalen Kante der Seitenteile über und unter der Ablage angebracht. Bohren Sie wie in Schritt 6 beschrieben Löcher vor und schrauben Sie die Leisten mit Holzschrauben an den Seitenteilen an (lassen Sie jedoch mindestens 4 cm Platz nach oben, damit die Leisten an der Oberseite fixiert werden können). Nun verwenden Sie die Leisten, um die Zaunpfosten zu befestigen – drehen Sie die Holzschrauben durch die Leisten in die Pfosten.

9 Für die Stirnseite der Bar messen Sie zunächst den Abstand zwischen Ablage und Boden und markieren diesen auf einem Brett. Schneiden Sie das Brett mit dem Fuchsschwanz auf Länge und verwenden Sie es als Vorlage, um den Rest der Bretter für die Stirnseite zuzuschneiden. Um das Muster zu erzeugen, nageln Sie zunächst ein Brett mit der flachen Seite an der Außenkante von Boden und Ablage fest. Das nächste Brett stellen Sie auf die Kante und nageln es an das erste Brett (nicht an Boden und Ablage). Das nächste Brett wird wieder flach an Boden und Ablagekante angebracht. Wiederholen Sie diesen Vorgang, bis alle Bretter der Stirnseite angebracht sind.

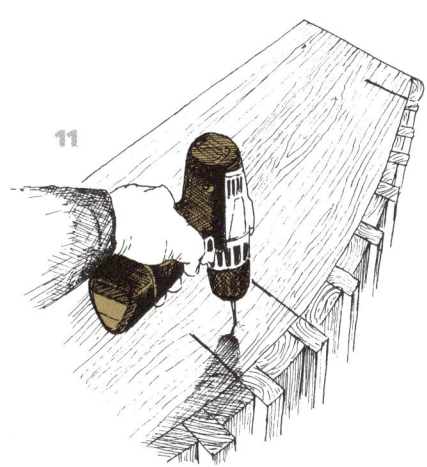

10 Nun bringen Sie die Oberseite der Bar an. Folgen Sie der in Schritt 6 beschriebenen Anleitung und fertigen Sie zwei weitere Leisten, die Sie auf der Innenseite bündig mit der Oberkante der Seitenteile mit Holzschrauben anbringen. Legen Sie die Oberseite auf und schrauben Sie sie mit Holzschrauben von unten durch die Leisten fest.

11 Drehen Sie den Korpus auf den Kopf. Verwenden Sie die Reste der Zaunpfähle als Füße für die Bar. Verteilen Sie insgesamt fünf Füße gleichmäßig entlang des Bodens (ausgehend von der Mitte) und zeichnen Sie die Positionen mit Bleistift an. Bohren Sie jeweils zwei 4mm-Löcher zwischen die Linien. Dann schrauben Sie die Füße fest, indem Sie die Schrauben von der Korpusinnenseite aus durch die Löcher in die Füße drehen.

Die fertige Happy-Hour Bar.

(A) *Die solide Holzoberseite wirkt durch die unbehandelten Kanten besonders rustikal und interessant.*

(B) *Die Front wurde in natürlicher Holzfarbe belassen – alternativ können Sie die Bretter (oder jedes zweite Brett) beizen oder farbig streichen.*

(C) *Die Oberseite der Bar hängt an den Seiten und vorderen Pfosten etwas über.*

(D) *Durch die Wölbungen entlang der Seitenteile werden scharfe Ecken vermieden.*

(E) *Die Hälfte der für die Front verwendeten Bretter steht hervor – so entsteht ein interessantes Muster.*

SONNEN-LIEGE

Am Pool oder auf der Terrasse ist diese Sonnenliege ein perfekter Platz für entspannte Stunden. Das schönste an diesem Projekt ist, dass Sie es sich nach getaner Arbeit auf Ihrem selbstgebauten Möbelstück mit einem kühlen Bier in der Sonne bequem machen können. Allerdings ist die Liege so komfortabel, dass Sie wahrscheinlich mehrere bauen werden müssen, damit Sie Ihren Lieblingsplatz ganz für sich allein haben. Die kleine Ablage an der Lehne ist ein praktisches Detail: hier können Sie Ihr Buch, Sonnen-milch und ein Getränk abstellen.

BENÖTIGTE WERKZEUGE

Bandmaß und Bleistift

Sandpapier (120er Körnung) und Schleifblock

Schraubzwinge

Stichsäge

Klauenhammer

Holzraspel oder Surform-Raspel

Fuchsschwanz

Handbohrmaschine mit 4-mm-Bohrer

Schraubendreher

NÜTZLICHE HELFER

Schwingschleifer

Akku-Bohrschrauber

ZUBEHÖR

Blatt Papier

Nägel

Holzschrauben

Holzleim

2 Paar Rollen

ZUSCHNITTLISTE

1 Sperrholzplatte, mindestens 2 cm dick, 1,2 × 2,4 m (für die Seitenteile und Schienen)

Brett, 2,2 m von 4 × 4 cm (für die Leisten)

2 Bretter, 5 × 5 × 25 cm (für die Füße)

66 Latten, 3 × 4 × 66 cm (für die Liegefläche)

MATERIALAUSWAHL

Dieses Projekt ist leicht zu bauen und auch das benötigte Material sollte problemlos zu beschaffen sein. Die beiden Seiten und die Schienen habe ich aus einer 1,2 × 2,4 m großen Sperrholzplatte für den Außengebrauch geschnitten, die auf einer Baustelle übrig war. Wenn Sie viele Bauteile aus einer Platte zuschneiden, müssen Sie diese allerdings sehr überlegt aufteilen. Wenn Sie die Form des ersten Seitenteils anzeichnen, sollten Sie nah einer Ecke arbeiten, damit danach noch genug Material für das zweite Seitenteil und die Stützkomponenten übrig ist – das gleiche gilt für das zweite Seitenteil. In diesem Projekt wird eine Stichsäge verwendet, da sich damit geschwungene Formen am besten ausschneiden lassen.

Die Latten waren in einem Holzfachbetrieb übrig – für mich kamen sie wie gerufen, denn sie machen die Liege wunderbar bequem und optisch ansprechend. Alternativ können Sie gebrauchte Lattenroste oder andere glatte Bretter verwenden. Die Leisten habe ich aus 4 × 4 cm starkem Holz zugeschnitten. Für die Füße benötigen Sie ein kurzes Stück von einer 5 × 5 cm Leiste.

Die Rollen sind optional, Sie können damit allerdings die Liege leichter umplatzieren – beispielsweise wenn die Sonne wandert. Ich habe alte Skateboard-Räder verwendet, denn sie waren preiswert und leicht zu beschaffen, liegen tief und sind dazu stabil und zuverlässig. Alternativ können Sie auch die Rollen eines alten Bürostuhls verwenden.

Arbeitsschritte

1 Fertigen Sie zuerst eine grobe Skizze von der Liege an. Bestimmen Sie mit Bandmaß und Bleistift den Abstand zwischen Ihrer Schuhsohle und Ihrer Taille und von Ihrer Taille bis zu Ihrem Scheitel – je nach Ihrer Körpergröße können Sie diese Maße etwas vergrößern, damit auch größere Freunde oder Familienmitglieder bequem auf die Liege Platz haben. Messen Sie dann Ihren Körper an der breitesten Stelle (Schultern oder Becken) und addieren Sie wieder entsprechend für zusätzlichen Komfort. Legen Sie einen Stapel Kissen oder Decken auf den Boden und legen Sie sich so darauf, dass Sie bequem eine oder zwei Stunden in der Position verharren könnten. Die Maße und das Arrangement der Kissen und Decken liefern Ihnen die Anhaltspunkte für die Länge der Liege und Lehne in Ihrer Zeichnung.

KONSTRUKTIONSPLAN

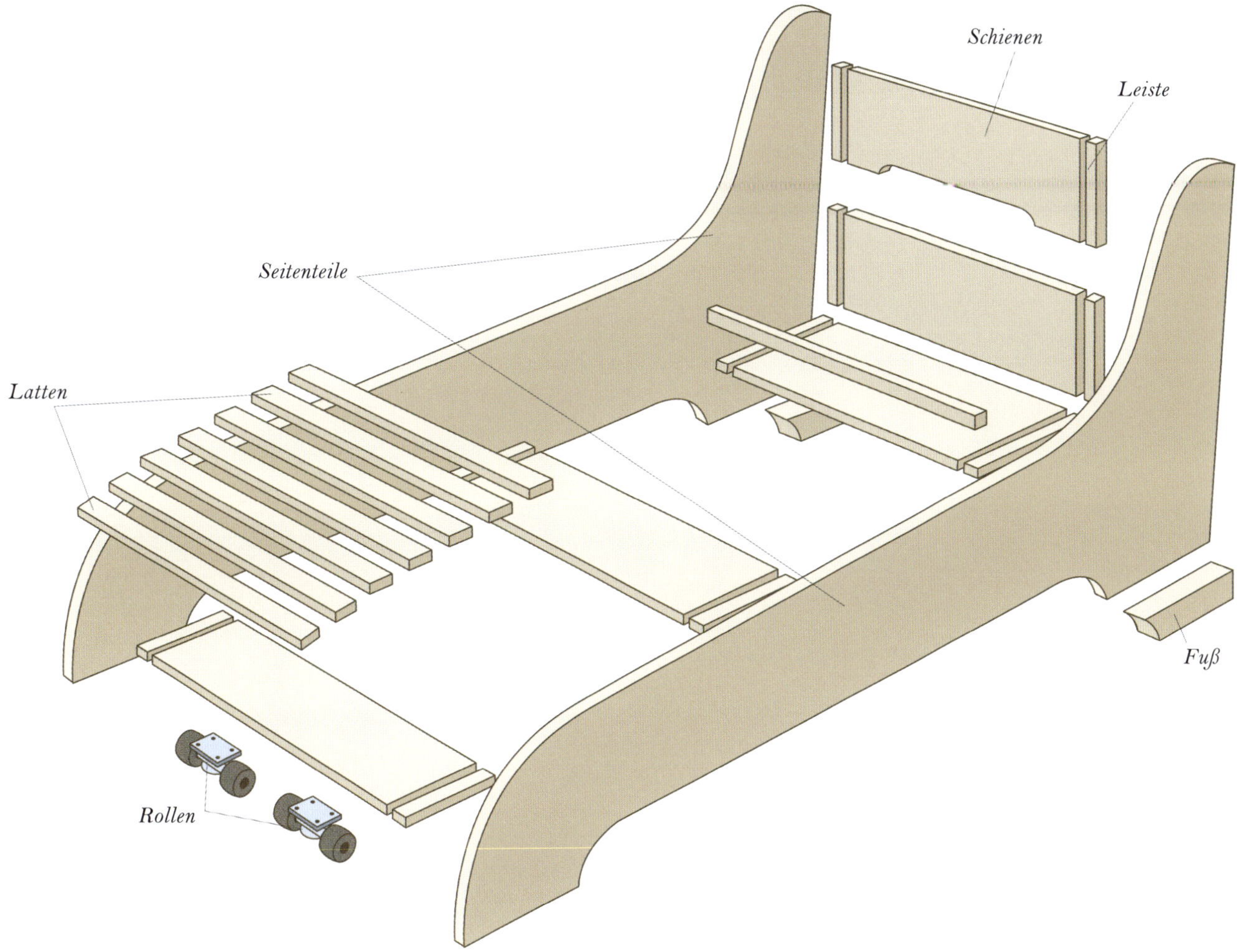

Schienen

Leiste

Seitenteile

Latten

Fuß

Rollen

❷ Übertragen Sie nun die Seite der Liege von Ihrer Skizze auf die Sperrholzplatte. Messen und markieren Sie zunächst die untere horizontale Kante der Liege. Danach markieren Sie die Lehnenhöhe, indem Sie von einem Ende der horizontalen Linie nach oben messen (subtrahieren Sie die Dicke der Latten). Messen Sie dann im Abstand von etwa 40 cm vom Fuß der Liege von der horizontalen Linie nach oben bis zur gewünschten Höhe der Liegefläche (in meinem Fall 40 cm) – subtrahieren Sie wieder die Lattendicke. Zeichnen Sie eine gefällige Wölbung von der Vorderseite der Liege bis zu dieser Linie und verlängern Sie die Linie dann über Liegefläche und Lehne (wie auf Ihrer Skizze) und schließen Sie mit einer weiteren sanften Wölbung, die bis zum Liegenende reicht.

Fortsetzung

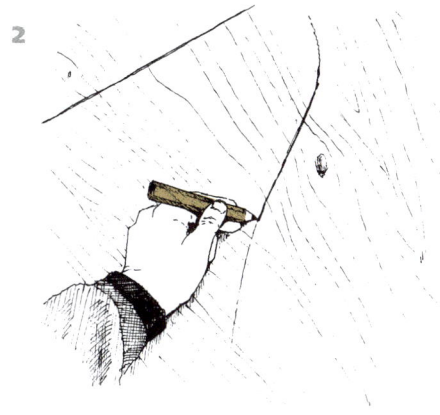

2

TIPPS

• SCHRITT 3

Wenn Sie mit der gezeichneten Form zufrieden sind, können Sie die nicht mehr benötigten Bleistiftlinien mit Sandpapier (120er Körnung) wegschleifen – so vermeiden Sie Fehler beim Sägen.

• SCHRITT 4

Ganze Sperrholzplatten sind im wahrsten Sinne des Wortes sperrig und schwer zu manövrieren – lassen Sie sich also bei diesem Schritt wenn möglich helfen.

Stellen Sie sicher, dass das Sägeblatt der Stichsäge beim Zuschneiden nicht durch Ihre Werkbank sägt.

Tragen Sie beim Arbeiten mit der Stichsäge immer eine Schutzbrille und Staubmaske.

3 Die wichtigsten Linien der Liege sind nun vorgezeichnet – ergänzen Sie den Rest der Seitenteile. Um das Design etwas aufzulockern, habe ich eine 7,5 cm hohe Öffnung in die Unterseite der Seitenteile geschnitten – so entstehen eine kurvige Form und ein vorderer und hinterer „Fuß" von 25 cm.

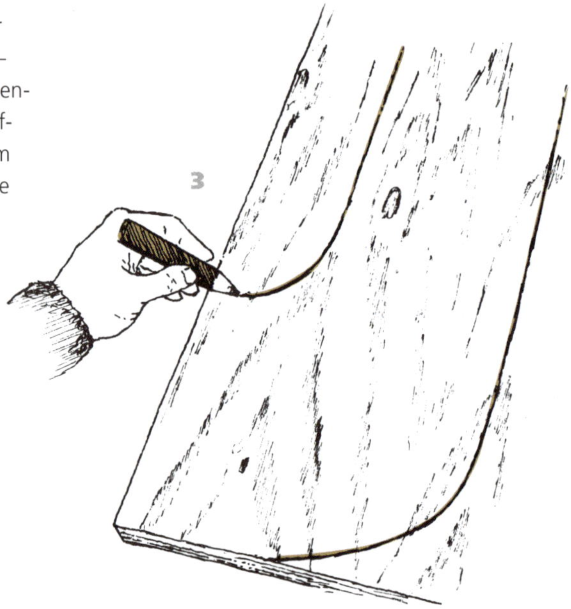

4 Nun können Sie das erste Seitenteil ausschneiden. Fixieren Sie das Werkstück sicher und folgen Sie mit der Stichsäge den Bleistiftmarkierungen entlang der Seitenteilkante – inklusive der Öffnung, um die Füße zu formen.

5 Verwenden Sie das ausgeschnittene Seitenteil als Vorlage für die zweite Seite. Legen Sie es an die verbleibende lange Kante der Sperrholzplatte und übertragen Sie die Form entlang der Umrisse mit Bleistift auf die Platte. Fixieren Sie dann das Werkstück und schneiden Sie das zweite Seitenteil mit der Stichsäge aus.

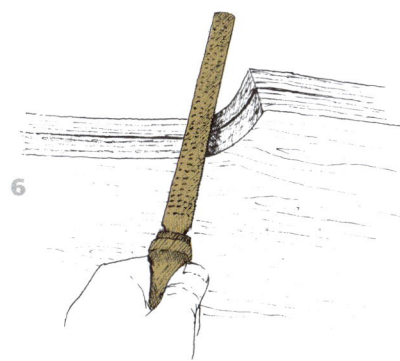

6 Legen Sie die Seitenteile aufeinander und fixieren Sie sie mit einer Schraubzwinge oder zwei Nägeln provisorisch aneinander. So bleiben beide Werkstücke einheitlich, wenn Sie die Kanten mit der Holzraspel bearbeiten.

7 Messen und markieren Sie aus dem restlichen Sperrholz fünf Schienen für den Liegenrahmen – diese sollten 4 cm kürzer als die Gesamtbreite der Liege sein. Meine Liege ist 66 cm breit, also habe ich die Schienen auf 15 × 62 cm zugeschnitten. Schneiden Sie in eine der Schienen eine Öffnung (ähnlich der Seitenteile) mit 4 cm Höhe – so entsteht ein Griff, mit dem Sie die Liege leichter verrücken können.

8 Schneiden Sie mit dem Fuchsschwanz zehn 15 cm Leisten aus den 4 × 4 cm Brettern zu. Bohren Sie jeweils zwei 4-mm-Löcher in den Leistenenden vor (versetzt und an angrenzenden Seiten).

9 Schneiden Sie mit dem Fuchsschwanz zwei Klötze aus dem 5 × 5 cm Brett passend für die Innenseiten der hinteren Füße zu. Schrauben Sie die Klötze mit Holzschrauben fest und wölben Sie die Kante mit der Holzraspel passend zur Fußform der Seitenteile. Die hinteren Füße der Liege werden durch die Klötze zusätzlich stabilisiert.

Fortsetzung

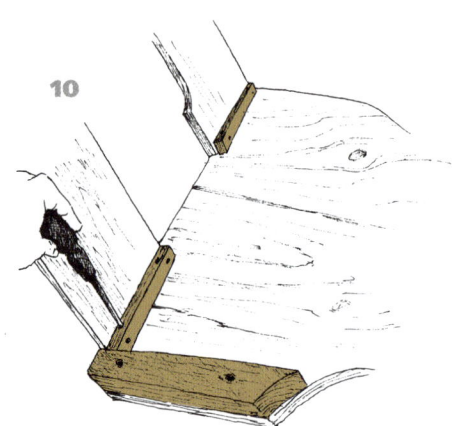

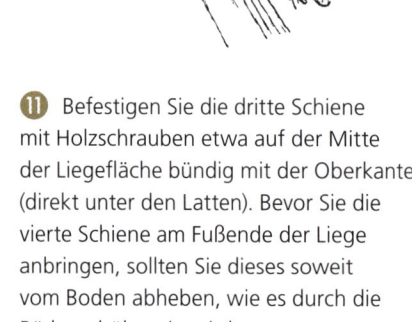

10 Nun werden die Schienen mit Holzschrauben an den Leisten befestigt. Legen Sie eines der Seitenteile auf den Boden. Positionieren Sie zuerst die obere Schiene (mit dem Griff) bündig zur Oberkante an der Rückseite der Liege. Darunter bringen Sie die zweite Schiene bündig zu den Füßen an.

11 Befestigen Sie die dritte Schiene mit Holzschrauben etwa auf der Mitte der Liegefläche bündig mit der Oberkante (direkt unter den Latten). Bevor Sie die vierte Schiene am Fußende der Liege anbringen, sollten Sie dieses soweit vom Boden abheben, wie es durch die Räder erhöht sein wird.

12 Die letzte Schiene ist die Ablage – zuerst bringen Sie an der hinteren Kante eine Leiste an, um das Herunterfallen von Gegenständen zu vermeiden. Messen und markieren Sie das 4 × 4 cm Brett auf die gleiche Länge wie die Schiene und schneiden Sie es mit dem Fuchsschwanz zu – danach befestigen Sie die Leiste mit Holzleim an der Schiene. Nun können Sie die Ablage anbringen – positionieren Sie sie über und rechtwinklig zu der unteren Schiene. Am ersten Seitenteil sind nun alle fünf Schienen angebracht. Legen Sie das zweite Seitenteil auf den Schienen in Position und schrauben Sie es mit Holzschrauben fest.

15

13 Nun werden die Latten angebracht. Um die Länge festzulegen, legen Sie ein 3 × 4 cm Brett quer an die beiden Seitenteile. Markieren Sie die Gesamtbreite der Liege und schneiden Sie die Latte mit dem Fuchsschwanz zu. Verwenden Sie dieses Stück, um die restlichen Latten auf die gleiche Länge zu schneiden.

14 Glätten Sie mit Sandpapier (120er Körnung) alle scharfen Kanten an Latten und Liegenrahmen. Danach können Sie, wenn Sie möchten, eine Beize oder Farblasur auftragen.

15 Wenn die Oberflächen trocken sind, können Sie die Latten an der Liege annageln – beginnen Sie dabei am Kopfende.

TIPPS

- **SCHRITT 13**

  Die Latten meiner Liege schließen bündig mit den Seitenteilen ab, Sie können jedoch auch eine Variante mit Überhang herstellen.

  Schreiben Sie mit Bleistift „Vorlage" auf die Latte – es kann sonst sehr leicht passieren, dass Sie aus Versehen ein Stück Restholz zum Messen verwenden und alle Latten auf die falsche Länge schneiden.

- **SCHRITT 14**

  Sie können die Latten auch kontrastierend zum Rahmen beizen oder mit einer auffälligen Außenfarbe streichen.

16 Bringen Sie die beiden Räderpaare am vorderen Ende der Liege an. Nun können Sie die Liege mit dem hinteren Griff ankippen und in die Sonne rollen. Stellen Sie ein kühles Getränk und Sonnenmilch auf die Ablage, setzen Sie Ihre Sonnenbrille auf und prüfen Sie die Qualität Ihrer Arbeit – ich empfehle hierfür einen Mindestzeitraum von zwei Stunden.

16

Die fertige Sonnenliege

(A) *Die beiden hinteren Füßen stabilisieren die Liege zusätzlich und schützen die Seitenteile.*

(B) *Die Schienen sorgen für einen stabilen Rahmen, und da sie mit Leisten angebracht werden, sind die Latten bündig mit den Seitenteilen positioniert.*

(C) *Bringen Sie die Räder so an, dass Sie unter der Liege versteckt sind.*

(D) *Die Leiste an der Ablage verhindert, dass Gegenstände in die Liege fallen.*

(E) *Für eine glatte Liege-fläche sollten Sie die Latten so eng wie möglich aneinander positionieren.*

(F) *Die Latten sind relativ schmal, damit Sie gut um die steilen Wölbungen an Kopf- und Fußende der Liege passen.*

REGISTER

MARK GRIFFITHS ist Experte auf dem Gebiet des Holzdesigns und gibt seine Fähigkeiten leidenschaftlich gern an andere weiter – besonders die Herstellung handgefertigter Möbel hat es ihm angetan. Er restauriert außerdem Antiquitäten und stellt hochwertige, maßgefertigte Stücke zur Einrichtung von Privathäusern, Geschäftsräumen und Hotels auf der ganzen Welt her. Griffiths schrieb bereits Artikel für The Woodworker, Furniture and Cabinet Making, Practical Woodworker und Wood Turning. Er schreibt regelmäßig für Good Woodworking, hat an zahlreichen Büchern mitgearbeitet und bei mehreren Fernsehsendungen zum Thema Innenarchitektur mitgewirkt.